过自己喜欢的生活，才是最好的活法

梦梵 著

吉林文史出版社

图书在版编目（CIP）数据

过自己喜欢的生活，才是最好的活法 / 梦梵著. --
长春：吉林文史出版社，2020. 5
ISBN 978-7-5472-6828-5

Ⅰ. ①过… Ⅱ. ①梦… Ⅲ. ①人生哲学-通俗读物
Ⅳ. ①B821-49

中国版本图书馆 CIP 数据核字（2020）第 054128 号

过自己喜欢的生活，才是最好的活法

GUO ZIJI XIHUAN DE SHENGHUO CAISHI ZUIHAO DE HUOFA

著　　者 / 梦梵
责任编辑 / 董芳　李珈瑶
出版发行 / 吉林文史出版社有限责任公司
（长春市福祉大路 5788 号出版集团 A 座）
www.jlws.com.cn
版式设计 / 文贤阁
印　　刷 / 北京欣睿虹彩印刷有限公司
版　　次 / 2020 年 5 月第 1 版　2020 年 5 月第 1 次印刷
开　　本 / 880mm×1230mm　1/32
字　　数 / 160 千字
印　　张 / 8
书　　号 / ISBN 978-7-5472-6828-5
定　　价 / 42.80 元

前言

preface

生活，应该是什么样子？

朝九晚五，是生活；柴米油盐，是生活；鸡毛蒜皮，是生活。

生活的样子千姿百态，每个人都有属于自己的生活，至于是好是坏，就在于我们怎样去理解。

生活的好坏与贫富有关系，但在一定意义上也没关系。贫穷也好，富有也好，生活就是生活，富有富的活法，穷有穷的活法。富有，可以活得精致；贫穷，亦可以活得洒脱。

无关贫富，生活自有它的味道。闻一闻，属于你的生活的味道，是苦涩，是甘甜，还是寡淡无味。

一直以来，我都坚信，我们可以调配生活的味道，感到苦涩，就加些糖；感到甜蜜，就细细品味；感到无味，就加些调料。总之，我们是可以选择该怎样去生活的。

如果你想问我该怎么活，我只能告诉你："过自己喜欢的生活，就是最好的活法。"

生活，是一种态度，只有喜悦的姿态，生活才能向阳而生。

生活，是一种兴致，只有活在细节里，生活才能变得有趣。

生活，是一种仪式，只有灵魂在起舞，生活才能自有欢喜处。

所以，别再问生活应该是什么样子，也别问别人你该怎样去生活，就去过你喜欢的生活吧！你就是你，根本不用依照别人的样子去活，也不用去委曲求全。

我知道，你一定知道自己想要过怎样的生活。而在世界的某个角落，或许有人正在过着你想要的生活。不要艳羡，不要自哀，只要你的渴望足够强烈，你就能拥有你希望的生活。

有时候，生活是可以选择的。不喜欢就说不喜欢，不想将就那就别将就。

我希望你的生活是平淡而欢愉的，既有笑泪交织的小感动，又有矫情做作的小情怀和微如尘埃的小温暖。正所谓“人间至味是清欢”，所有的平淡，所有的不经意，都是生活最美的样子。

生活是需要用心的，是需要认认真真的，是需要努力去过的。

只要你有了对生活的向往，有了一颗对生活的热忱之心，你就可以找到前行的力量，无论你今日身处怎样的境遇，你都能努力生长。

只要你有了对生活的态度，有了想要寻找生活情趣的心，你就能让日子过得热气腾腾，既诗情画意，又自带烟火气。

我希望你的每一天、每一时刻都是新鲜的，我希望你的个性是特立独行的，我希望你的美是由里而外的，我希望你的爱情是天荒地老的，我希望你的朋友是在心里生根的，我希望……是的，我希望我们每一个人都能随心而活，过自己喜欢的生活，做自己喜欢的事，爱自己喜欢的人，交自己相惜的朋友。轻歌曼舞，笑靥如花，走完这一生。

谨以此书献给每一个热爱生活的人，书中提到的她或他，以及他们，其实都和你一样，在用整颗心去爱着生活。生活于他们而言，平淡是欢歌，不幸亦是欢歌，因为有姿态，有信念。

愿你的生活既体面，又舒适，兴致盎然，摇曳生姿；栖息一方，安然一处。

目录
contents

One

无论苦乐，都请用力地活着

▶ 自己选的生活，再苦也要走下去

认识莫楠已经很多年了，她是一个很拼、很勇敢的女孩。

十年前，莫楠辞掉了家人安排的工作，尽管这份工作人人羡慕，她却觉得生活不该如此寡味，于是辗转来到千里之外的北京，打算重新开始。

时至今日，莫楠仍记得离家的那天，母亲的眼泪和父亲的怒不可遏。

“你长大了，翅膀硬了，既然要走，就再别回来！”

她一言不发，沉默而固执地拎起了行李箱，心里憋着气，暗暗发誓将来一定要让他们刮目相看。

然而，现实就像一记耳光，重重地打在她的脸上。

切断了过往的一切人脉和资源，新的起点远比想象中困难得多。整整三个月，尽管她不断去寻找工作机会，却始终没得到一份录用通知。曾经引以为豪的工作经历毫不留情地被无视，彼时的雄心万丈如今在骨感的现实里一落千丈。

她仍记得那场面试。

胖胖的面试官斜着狭长的眼睛，跷着二郎腿，将她的简历抖开。

“你是本科？学历这么低。”对方接着厌恶的口吻。

“可是，招聘启事上写的是本科或本科以上啊。”莫楠额头冒汗，双手局促地扭在一起，怯怯地说。

“那是针对北京本地人，你是吗？”面试官咄咄逼人。

莫楠无奈地摇了摇头。

面试结束，莫楠疲惫地走在大街上，烟灰色的天幕下，不远处的文化广场热闹非凡。

走进地铁，莫楠想到最近几天已经艰难到一天只能吃一顿饭的地步。站在站台上茫然四顾，看着眼前来来往往、黑压压的人群，她不知道自己该往哪个方向走。

几乎穷途末路时，她终于等来希望的橄榄枝。月薪不足三千元，天蒙蒙亮就要从床上爬起来，搭半小时公交车，再转一小时的地铁去上班。

钱包干瘪，莫楠在住房问题上也面临着不停搬家的窘境。就像有一只巨大的怪兽在后面追赶着，整个周末，她不停地跑上跑下，不断拨打着电线杆上小广告的电话，挣扎在打包和求宿的境遇中。

工作则是既忙碌又枯燥，不是夜以继日地与各式表格打交道，就是伏在办公桌上与手工账本里的蝇头小字做斗争。倘若遇到收支不平衡，还得心急火燎地找出那笔微小的数字差，越心急越手忙脚乱，于是彻夜翻着凭证对账本就成了莫楠生活里最常见的桥段。

之所以要反复对账本经常是因为“彪悍”的会计在某个神经搭错的瞬间豪迈下笔，把0添成6，把6倒成9。

尽管这样的差错不时上演，但是面对会计大婶一身白花花的横肉和斜睨的小眼神，菜鸟莫楠也只是敢怒不敢言。

加班得到的好处只有一身酸疼，莫楠太累了就陷在沙发上睡一小会儿。

七个月后，公司倒闭，她失业了。

这是莫楠来北京的第一年。

那时的莫楠，心里有了一个声音：明明在父母身边可以工作得更好，何必摸爬滚打地挣扎在这钢筋水泥筑的大城市里，更何况，还得不到一个预期的结果？

莫楠想离开北京，但又迟疑不决。她一个一个电话打过去，向学姐请教，跟闺密商量，和发小讨论，甚至不知所措到抛硬币以求获得上天的指示。后来，她给妈妈打电话，试探地问，若回家可好？得到的回应是妈妈欣慰又疼惜的肯定。

可是，莫楠又转念一想："就这样算了吗？当初羡慕他人的努力，羡慕他人生活得风生水起，羡慕他人年纪轻轻已担大任的强大，羡慕他人一边打工一边旅行的洒脱。现在，又要转身去继续过之前嗤之以鼻的生活吗？"

挂在嘴上说说的人生，又有什么资格获得想要的生活呢？

经过了一系列的内心斗争，莫楠终于下定决心留下来。

生活不会永远如我们所愿，只身逃离不会扭转乾坤。勇往直前，纵然头被撞破，血流一身，仍得不到好的结果又怎样，至少不会在年老时后悔当初。经历了一番挫折后，莫楠明白了这个道理。

找工作依旧很艰辛。

莫楠工作的第二家公司是一家德资企业。

新的工作忙碌而有节奏，本来她对这份工作的满意度是百分之百，然而当发现经理那双随意揩油的肥腻大手，莫楠眉头紧蹙，心底一下子变得黯然。

某个星期五，行政部盘点办公室易耗品，莫楠忙得团团转。

她双手捧着文件夹正要回到自己的办公桌前，臀部忽然被碰了一下。她一怔，回过头去，非礼她的经理正看着她挑衅地笑。

愤怒袭上心头，这个杀千刀的德国人，竟敢趁机占便宜！莫楠刚要骂出口，主管突然叫她："小莫，赶快把本月报表整理出来。"

莫楠又看了经理一眼，那色眯眯的眼里仿佛也生出一双毛茸茸的爪子，她顿时觉得喉头一紧，紧接着鼻头一酸，眼泪几乎要落下来。

然而，她只是不动声色地坐回了座位。

屈辱吧？

想愤然离职。

但是，离职以后呢？再尝一次三餐不继、四面无援的滋味吗？

骄傲？原则？自尊心？

呵呵！

在填饱肚子之前，这些，算得了什么！

那天，莫楠在北京已待足了两年。

她曾对我说："不知所措的时候，坚持下去就是对的，坚持到底你就会豁然开朗了。"

简单的一句话，她足足用了十年来验证。

十年，她的事业有了进展，一路前行，见识了不靠谱公司的坑钱手段，领略了高大上公司的格子间争斗。当然，薪水和位置也一路水涨船高。

如今，她偶尔会站在办公室的落地窗前，俯瞰这座城市，回忆起当年。

迷失，不是伯牙、子期知音难觅的怅然，而是人在心途迷失了方向，忘了来时的路，失去了出去的方向。我们之所以疼痛不堪，不是丢失了视线所及之处那些心爱的物件，而是一不小心坠入密树浓荫的迷障。雾霭模糊了心之所往，行走其中，不自觉地浮躁，且毫无知觉地遗忘了最初的目的，渐渐屈服。

生活的肌理是点滴，或哭或笑，或肆意或失意，都是其骨架的零件，然后才铸就了真实有血肉的个体。所谓成长，没有谁与你感同身受，既然选择了生活的某个方式，那么你就必须自己驱散迷雾，走出迷惘。

如果你正走在一条看起来没有尽头的弯路，尽管你感觉痛苦也一定要迎难而上，坚持走下去。因为路是你自己选的，有勇气选择就该有耐力承受，别怕失去，至少还有希望在。

柏油路自有它的曲直，而生活总会留点儿红运给固执的人。

▶ 努力，与年龄无关

第一次见到苏婉的时候，她正准备去一家广告公司入职。

苏婉大学毕业以后就去了一家大型国企，地处偏远的开发区，几乎与世隔绝。她的职位虽然是文员，但每天上班也是要穿上灰蓝制服的。她谈过两次乏善可陈的恋爱，最后都不了了之。周围的同事大多成家立业，每天的谈资不是育儿经，就是给她介绍对象。

快到三十岁的时候，苏婉终于下定决心离开那个枯燥无趣的地方。她带上全部积蓄，来到了北京。三十，这是一个让许多人都恐惧不已的数字。三十岁意味着青春的彻底结束，人生逐渐稳定，开始丧失许多可能性。而苏婉却把这当作一个开始。

广告这行是典型的吃人不吐骨头，“女人当男人用，男人当畜生用”。看着苏婉一身纤纤弱骨，我好意劝她，说：“进这行老得很快的，女孩子要慎重考虑啊。”

苏婉回答得很坚定：“可我就是喜欢有创意的工作啊。有挑战，有乐趣。”

不知是不是受到时尚电影的蛊惑，许多年轻人都以为广告这一行业光鲜亮丽，充满了刺激的商战和帅哥美女。实际上，广告公司里最常见的是T恤、人字拖和胡子拉碴的小伙子。

我见过很多人挤破脑袋要进广告圈，最后又满身疲惫地爬出来。丝绒般的梦想碰到刀子般的现实，注定会被撕扯得破碎。许多人因此半途放弃，铩羽而归。我想，苏婉或许也会如此。

初到北京，她便向各个广告公司投简历。履历写得诚恳，却未必有人细读。面试的时候，他们劈头便问：

“你这个大学在哪儿啊？怎么没有听说过呢？毕业后

在工厂待了五年，做的是资料整理……对我们来说，这份履历表还不如一张白纸。”

“现在的广告业竞争很激烈，公司里都是刚毕业的大学生。很少有你这个岁数的新人。所以……”

好在这些年来，苏婉一直没有放弃写作，她的文章为她争取了不少面试机会。

最后，终于有一个HR肯松口：“苏小姐，我们公司对文案的要求还是比较高的，没有相关的工作经验，肯定无法胜任。不过，以你的年纪，做实习生恐怕也不太合适吧?”

苏婉把握机会，直白地说：“我可以从实习生做起。我不在乎职位、薪水，只想能进入贵公司学习做广告。”

那位HR显然也是阅尽世人，并没有被她的热血所打动，而是提出了一个实际的稳妥办法：“那好吧。我只能给你保证工资不低于北京市最低工资标准。三个月后，如果你做得好再转正。”

就这样，苏婉得到了她在北京的第一份工作，但工资连交房租都不够。

公司不大，二十多个人，其中有一半是才毕业一两年的大学生。这样的小公司，在北京不计其数。苏婉被分配给一个资深文案打下手。公司里论资排辈，出于敬重，她称对方为“张姐”。其实张姐比她还要小一岁。

苏婉仿佛又回到了高中时期，她制定了一个计划表贴在墙上，安排好每天的行程和学习任务。一天结束的时候，她还要为当天的完成进度打分，进行自我检讨。

苏婉接手的第一个文案是房地产项目，她每天到处搜集资料，分析全城同类型的广告案，去工地实际考察情况，和客户进行沟通，从三个不同的角度为一个项目想五十句广告词，把各种各样的数据和文字做成表格，并做成 PPT……

当她被一堆资料压得透不过气的时候，还有稚嫩的前辈向她卖萌：“姐，我晚上有约会，帮我做个表格呗。他们都说你是 Excel 高手，一定很快就能搞定！”

这些有理无理的要求，苏婉都欣然接纳。

苏婉从办公室出来的时候，往往已经是深夜。由远及近的霓虹不断闪烁，衬得这座城市更加广阔，又似乎相隔万里。她猛地吸一口气，露气湿润，夹杂着不知名花草的香气。她喜欢这座城市，大到无须隐姓埋名，也能毫不畏惧地做自己，肆无忌惮地做白日梦。

张姐对苏婉有些严苛，却待她不薄。项目结束的时候，主动对老板说：“苏婉挺适合做文案的，很有灵气，一点就通，不用我带了。”

就这样，苏婉正式成为一名广告文案。

有一段时间，全公司没日没夜地加班，却没有奖金可拿，同事们怨声连连，你推我让，没有一个人愿意站出来和老板谈谈。

苏婉默默地走出了格子间，敲响了老板办公室的门。她据理力争，诉说着同事们的努力和不易。老板最终被她说服，不仅给同事们补了奖金，还主动要给苏婉升职加薪。

老板认为苏婉说话果断，有说服力，微笑着说：“刚好最近行政位置空缺，你去做行政吧，工资上调三分之一。”

面对如此诱惑，苏婉却立刻拒绝了。她对自己的目标很坚定，来北京就是为了做一个厉害的文案，要是转去行政部门，跟从前还有什么两样？

没过几个月，苏婉跳槽了。

我十分惊讶："你不是才涨了薪水吗，为何要辞职？"

她用吸管戳着玻璃杯里的柠檬，百无聊赖地说："老板太固执，只肯接同类型的项目。他是赚得盆满钵满了，可我还有很多东西要学啊。"

就这样，苏婉在三年时间里换了四家公司，每次都是因为公司无法满足她的求知欲。初至北京，她荒海求生，抓到一根浮木便立即抱住不放。如今她已经练成一身本领，游刃有余，可以从容地选择登上哪个岛屿了。

换工作这件事好像磨砺出了她的锋刃，苏婉已然不再是从前那个女孩儿了，她变得果敢、强势，像一个随时待命的女战士。

我问她："究竟是什么让你改变的呢？"

她说："大概越过了小心翼翼的心理防线，就会变得大胆，不再如履薄冰了吧。"

在能力不断上升的同时，她的野心也在日渐膨胀。

有一天，苏婉坚定地对我说：“我要给4A公司投简历。”

然而，摆在她面前的依旧是种种不切实际。没有一流大学的文凭，年龄上也毫无优势，甚至连英文水平也是一张白纸，走在街上和老外说句话也磕磕绊绊，语不成句。不过我知道，当她宣布要去做一件事情的时候，一定已经做好了一半的准备。

果然，苏婉两个月前就已经参加英语补习班，还请了个一对一的英文教师帮忙练习口语。

有人给她泼冷水：“学语言要趁早，你现在太迟了，连单词都记不住。”

苏婉伶牙俐齿地反驳道：“那又如何？三年以前，我站在人群里连中文都不敢说呢。现在不也可以了？”

那人被噎得哑口无言。在这种执行力超强的行动者面前，所有质疑都是徒劳，所有玩笑都显得刻薄。

半年多以后，苏婉过五关斩六将，得到了一家著名4A公司的工作。一切都在她的掌控之中。目标明确的人会比别人走得更快，他们是一心一意在自己的星系里运行的星星，只顾发光发亮，永远不会偏离自己的轨道。

美国人常说："Forty is new thirty." 也就是说，在现代社会，四十岁依旧年轻，一样充满了活力和各种可能性。而在中国，人们对年龄依旧忌讳颇深。一旦跨过三十岁的界限，便如临大敌。这本身何尝不是一件可悲的事情？

我们这一代人太擅长怀旧，十几岁时开始呻吟衰老，二十出头便自诩沧桑，早就养成了一副少年老成的派头。进入社会以后，被上司、工作、客户逐渐磨掉了所有棱角，因此更觉得丧气。

仔细一想，那些笼罩在年龄上的阴影不正是我们自己加上去的吗？人生从来没有固定的路线。决定你能够走多远的，并不是年龄，而是你的努力程度。无论到了什么时候，只要你还有勇气对着糟糕的生活挥拳宣战，都不算太晚。

▶ 生活的好坏，无关城市

[1]

一个广院的 90 后女孩儿，从广院毕业后去清华读了电视新闻专业的硕士。时间过得飞快，我记得有一次，我和这个妹妹在广院附近的小饭馆吃饭，听她为要不要读研而纠结。

广院的姑娘好像是读完本科直接工作的居多。读研要三年的时间，好像换作别的学校，保研清华，这根本就不需要犹豫。

但是广院经常上演的故事是这样的：三年时间，本科毕业直接工作的姑娘也许已经成了某卫视的当家花旦，而考研的姑娘，却还未毕业。

可能传媒行业就是这么残酷，竞争激烈，且瞬息万变。让每一个想要在大城市留下并且长期生活的人，不得不每时每刻权衡利弊，做出更有利于自己的选择。

转眼间，这个妹妹今年研究生也要毕业了。她问我这么多年在北京工作的心得体会，以及要不要留在北京这个所有人都很难给出绝对答案的命题。

[2]

2008 年来北京，今年已经是 2018 年，这样一看，我在北京已经待了十年。这样一算，让人难免后背发凉。我居然已经在另一个城市生活了十年。

女孩儿问我会不会觉得北京竞争激烈，空气堪忧，交通极其拥堵，生活质量很差？

会啊。

当我在早高峰挤地铁，在限流的双井站排好长队，终于走进地铁站，看着三四趟地铁开过，而我依然上不去的时候，我就心想："我到底为什么要待在北京？"

有一年，PM2.5 一度爆表，空气里都是烧焦了的味道，从金台夕照地铁站走出来，都看不到其他人的模样。我戴着口罩、帽子，穿着风衣，把自己裹得严严实实的，那时我不禁想：“我究竟还能在这个城市里待多久？”

每天上班下班疲于奔命，回到家整个人已经瘫倒在床上，挣扎着爬起来在做饭与叫外卖之间做着艰难的抉择，最终拿出手机，点开点餐软件，以及外卖送到后，自己一个人在租来的房子里对着电脑看剧，吃着一堆由味精组成的外卖。每每这时，我简直想明天就搬回苏州。

在大城市生活的你，是不是也一样？

每天天还没亮就挤着地铁，然后疲于奔命，开不完的会，做不完的PPT，忙忙碌碌地工作十小时以上，又挤着晚高峰回到破败的出租屋里，此时已经晚上八点，力气耗尽，只剩下强撑着叫一个外卖的力气，然后吃着外卖，看一个剧。

你是不是也这样，日复一日，年复一年，在所谓的大城市里生活，茫然地看不到尽头？

[3]

我的好多大学同学，特别是江浙沪的同学，都在毕业后的五六年里离开了北京。

槽点无非就是以上说的这些，大家急切地回到温热的南方，回到爸爸妈妈身边，下班回来有家里烧好的热气腾腾的饭菜，开车上班虽然也堵，但不至于像北京那样令人绝望。时不时全家出游，一壶小酒，几碟小菜，赏花踏青，过着美滋滋的江南生活。

我时不时就会被朋友圈里的江南生活给打败，去年下半年，我几乎每个月都不厌其烦地坐着高铁回家，享受片刻的江南时光。

在京沪高铁上，我一直在想，难道真的是大城市的问题吗？

真的是北京的问题吗？

是北京让我们过着极其将就、糟糕透顶的生活，每日人烂心更糟吗？是这个城市的拥挤、忙碌，以及大得令人绝望，让我们不得不局促地居住在狭小的房子里，忍受着憋屈的居住条件吗？

如果以上答案勉强还算是北京的错，那么难道也是北京让我们每天叫外卖，每天匆匆吃几口饭，然后抱着电脑过一晚上吗？

然而某一天，我看见一个女性友人的朋友圈，突然惊醒。这哪里是什么大城市的问题，这分明是我们的问题。

[4]

一位女性友人居住在杭州。

某一天，她在朋友圈发了一张大闸蟹的照片，写着如下一段文字。

“幸福是外面下着雨夹雪，锅里陈年花雕煮着大闸蟹咕噜咕噜冒热气；喝一口温热的黄酒，再开窗探出微醺的脑袋深吸一口干净的空气。”

这画面感如此之强，不愧是广院的姑娘，无论在各行各业，描述起来都是可以用几个特写镜头连起来的电视语言。

虽然这是典型的江南画面，但是直到看到这个朋友圈我才明白，生活的好与不好，和你生活在哪座城市并无太大的关系。

你一样可以在我心心念念的江南每天叫着外卖，也可以和我朋友一样，即使一个人吃着大闸蟹，也可以有此般意境。

都是你我自己的选择，和北京无关，和杭州无关。

或者，即使你生活在江南，你照样闻不到桂花飘香，照样只会在雨夹雪的夜晚抱怨南方的湿冷，出门去一趟超市回来就已经湿了鞋袜。

[5]

回到广院女孩儿问我的话题，快研究生毕业的她在考虑留不留在北京的时候，首先考虑的是机会，是竞争，是分秒必争的职场，然后考虑的便是房价，是空气，是拥堵的环境。

每个想要在大城市里生活的人想必不断权衡，不断分析利弊的，不过就是这几个因素。

女孩儿不停地问我，自己适不适合在北京工作和生活，或者说，什么样的人才适合在如此竞争激烈的城市中生活。

在看完朋友的朋友圈后，我突然就有了答案。

所谓的房租房价，工作机会，生活成本，大家面临的困难或者说挑战是一样的。比的是智商、情商，比的是综合实力。而这些硬实力，对于研究生毕业的女孩儿来说，都已经具备，思维方式、工作模式，已经基本成型，想要改变也已经不是一朝一夕的了。

那么什么因素往往会被我们所忽略呢？

我觉得，每一个想要在北、上、广打拼的人都要问自己一个问题：你会照顾自己吗？

你能不能照顾好自己？

[6]

这才是你在大城市生活的第一步。

你能不能在加班到深夜，回到家时，依然能给自己煮上一碗热气腾腾的面，打个鸡蛋，放几棵青菜，而不是匆匆打开一盒泡面。

你能不能每天清晨都早早醒来，在楼下跑半个小时步，在家里吃完营养早餐，从容不迫地去坐地铁，而不是每天饿着肚子挤着地铁，到十点饿得不行的时候，塞两块饼干，从来都不知道早饭是什么意思。

你能不能周末在家烹煮打扫，把小小的房间收拾得满屋芬芳，哪怕再小的出租房子，也能收拾出一个角落，舒舒服服地窝着看书，而不是等到没衣服穿了，才把一大团衣服都塞进洗衣机，衣服晾满了整间屋子。

这才是在大城市里打拼的软实力。

比一个不管年薪多高的工作更重要的软实力。

不要等到生活过得一团糟的时候，又开始埋怨大城市。大城市的缺点虽然显而易见，但更可怕的是，高压力、高物价的大城市会一再放大你不会照顾自己的缺点。

因为没人会在你加班回到乱糟糟的出租房子里后，给你下一碗面条。

你只能一日一日地任由自己的生活不受控制，任由自己勉强居住在一团糟的屋子里，过着一团糟的生活。你又如何会有心情在北、上、广竞争激烈的职场上打拼？

而等到你梦醒时分，想要为乱七八糟的生活找一个罪魁祸首的时候，你自然第一个就想到了大城市的那些客观的缺点。

所以，每一个你顾影自怜地抱怨北、上、广不好的夜晚，其实你最应该讨厌的是那个无能的自己，是连自己都照顾不好的自己。

或刚毕业的你，或即将毕业工作的你，相信我，你们的智商、情商都不是问题，不要一而再、再而三地权衡大城市的利弊而纠结，而要学会照顾好自己，然后你才能爱自己、爱生活、爱大城市的机会与挑战、爱大城市丰富绚烂的生活，以及在大城市里好好地爱别人。

▶ 有些事你不做，你想要的生活就得不到

［1］

二十二岁的S姑娘，在小城市有着一份不错的工作，但一直为婚嫁的事情而烦恼，不出众的外貌和略有些“汉子”的性格让她的桃花迟迟不开。

她打算出国或者换工作到大城市，但迟迟无法下定决心，一方面现在的工作是高薪和国企，另一方面惧怕出国的复杂流程和大城市的激烈竞争，就这么纠结了六年。

到了二十八岁，由于社交圈子的狭隘，她还是那个

长相平凡、性格粗放的她，只能成剩女了。

后来，她狠下心来，跳槽到了上海。新公司给了一个职位，工资比以前高好几千，还提供了一个有院子的宿舍。

工作对于出色的她并不算有难度，多年积攒的经验让她如鱼得水，开始收获以前很少得到的肯定。刚换工作再加上加班比较多，她并没有很多时间去认识新的人，但是随处可见的书店，公司边上的健身房和类型多样的活动让她开始关注时尚、新事物和自己，公司的大龄姑娘有好几个，她也不觉得孤单和异类。

有一次代表公司去交涉业务，对方的小伙子见她做事认真、待人诚恳，要了她的电话，后来开始约她吃饭。

她压抑了许久的心情慢慢变得好起来，开始想如果六年前过来就好了，其实仔细想一下就知道她的条件更适合能够看重能力的地方，而且她也很喜欢丰富的精神生活，这里还有很多比她优秀的单身男士，只是那虚掷的六年的时光再也回不来了。

现在，她谋得了一份好职位，且得到了一定的成长，也许依然不能快速地组建一个家庭，但由此可知，有些事情你不做，你想要的生活就得不到。

［2］

二十五岁的W姑娘，奔波在相亲的过程当中，她最近的一个相亲对象觉得她别的都很好，就是有点儿胖，其实不算胖，125斤，只是略微丰满，但在这以瘦为美的年代就是格外扎眼。即使她面若桃花，也不能抵消这多余的25斤。W从来没瘦过，所以她从不认为是体重的问题，她责怪这个世界太过看重外貌，责怪男生们太过势利，相亲时去那么差的餐厅，责怪自己的命运不好，但是依然难逃相亲后对方的销声匿迹和相亲时对方的冷冷冰冰，世界没有为她改变，她却在一次次失望中开始丧失自信。

她变得更胖了，也不如以前那么活泼开朗了，甚至有些自闭。她不明白为什么到了二十五岁，自己没经历过一次像模像样的爱情，都是隐形女友，异地恋，甚至有一次差点儿成了“小三”。直到这一次相亲对象直言

“你有点儿胖哦”，她看着这个口无遮拦的陌生男子，突然流下眼泪。然后她开始减肥，做法很极端，但也很有效果，就是纯饿，三个月后，她已经是95斤的长腿美少女。165cm的她穿上高跟鞋和短裤走在街上，令很多男生都为之侧目。各式各样的朋友开始主动找她吃饭和聊天，大家发现她原来是这么美好的女孩子。

她的乐观开朗，她种的满院子的花花草草和一手好厨艺，她的善良温柔和优美的文笔，都在她的瘦削和凹凸有致的身材下熠熠生辉起来。她看着办公桌上那一大束昂贵的玫瑰，感觉恍若隔世，她不知道为什么自己没有早早花精力去瘦身，而浪费了那么多的青春时光。爱情和工作一样都是谈条件的，只是条件不一样。所以说：“有些事情你不做，你想要的爱情就得不到。”

[3]

三十岁的Q姑娘，住在阴暗潮湿的地下室里，穿着款式老旧的衣服，头发干燥枯黄，一脸的沉重和苦涩，时常半夜会哭，不知道未来在哪里。如果有电话响，肯定是母亲打过来诉苦并向她要钱。她所有的积蓄都拿给弟弟买房子了，现在小侄子出生了，各种费用依然是她负责。她满腹委屈，很想不管他们，但一想起母亲苍老的模样和多病的身体，又心生难过。

她是不聪明但用功的女生，所以在工作上常常遇到不如意的事情，也没有时间谈恋爱，对于示好的男生又不懂回应，这些生活和情感的压力常常让她喘不过气，但她依然在努力地撑着。直到有一天，弟弟又打电话过来要钱，而她刚刚为了省卧铺钱而坐了两天一夜的硬座，她突然觉得悲哀又愤怒，因为弟弟要钱不过是不肯安装2M 的宽带，而一定要装 4M 的宽带。她觉得应该结束这一切了，她打电话给母亲，诉说了这么多年的辛苦，还表明以后要为自己考虑了，母亲惊讶且愤怒，指责她是白眼狼儿，并把电话挂了。弟弟又打电话过来，质问她为什么这么做，把母亲都气病了。

她想了想，还是不忍心，于是立刻赶回老家，守在母亲身边，悉心照顾。母亲好转后，哭着对她说："这些年也多亏了你，现在是该考虑你自己了。"她温柔地抱着母亲，泪一直流，但什么都没有说。

弟弟也找她谈了谈，出乎意料的是弟弟竟然没再向她要钱，还说他以后都不会再拖累姐姐了。他说他会好好工作，照顾妻儿和母亲。Q 姑娘满含泪水的眼睛瞬间就笑了，她知道弟弟是长大了，真的长大了。而她，也终于可以过属于她的生活了。

回来之后，Q 姑娘感觉整个人都轻松了，她拿出攒了许多年的公积金付了首付，商贷买了房，甚至任性地透支了点儿信用卡，为自己买了个高端手机、几件漂亮的大衣，还做了一个新发型。第一次，她觉得活着这么美好，不用面对无度的索取而委曲求全，不用苛刻自己。事实上，有些话你不说，生活的酸楚就只能自己扛。

[4]

以上这些姑娘都是幸运的，因为她们最终都得到了自己想要的生活。生活于她们刚刚开始，虽然走了很长一段时间的弯路，却像在夜路中行走，收获了满天闪亮的星星，磨炼了心性。

你是否也想要一份看起来很不错的工作，既可以周游各国，又可以轻松有高薪，可是你的学历好像不够，为什么不去把学历变得更好？不过是三四年的时间，否则你十年之后依然守着这份侵占你所有时间却给你薪水只够维持生活的工作。

你是否还在暗恋那个看起来帅帅的，做事得体的男孩子，你看看自己，灰头土脸、笨拙粗鲁，但是对那些同样不修边幅的和你差不多的男孩子又爱不起来。为什么不去过精致的生活，美好的身材可以靠饮食节制和勤于锻炼获得，气质可以靠智慧慈悲的内心和优雅的举止获得，面容可以靠合适的发型和光洁的皮肤进行修饰，或许你仍然得不到那个男孩子的青睐，但是为什么不试一试？否则吃着零食看韩剧的你十年之后依然如此，生活在幻想和惨淡的现实中，或者嫁给一个自己看不上的男孩子，过着怨天尤人的生活。

你是否还在羡慕那个会说四国语言、善于交际的男人？是否还在为自己拥有的一点点小天赋而心有不甘？生活不仅仅有静止和重复，只要你的渴望合理，你付出足够的努力，世界会找到方法帮你实现。我们已经来到一个都在追求生活品质的时代，我们期盼和所有自己喜欢的东西在一起，而不是仅仅活着。嫁给自己喜欢的人，做着自己喜欢的事情，有着自己想要的亲密关系，向自己喜欢的方向前进着。这些，对于我们，都是像呼吸一样重要的事情。只是有些事情你一日不做，你就一日仍置身于你不想要的世界。日复一日，年复一年，你永远都无法走出这个令你厌烦的生活圈。既然时代给了我们选择的权利，告诉了我们想要得到想要的生活，就必须要脚踏实地地去努力、去拼搏。要知道，有些事你不做，你想要的生活就永远得不到。

▶ 又穷又忙，你是不是也是这样

又穷又忙，没什么可怕的。如果你还有所期待，就要去努力；有所努力，就一定会有回报。

“我也想去健身，可是没有时间。”

“这几天太忙了，等过几天忙完了找你。”

“事情好多，不知道先做哪件。”

……

这些状态，有没有出现在你的生活里：时间总是不够用，没有时间闲聊，没有时间运动，没有时间做自己想做的事情。只有早已经被透支的“等我有时间了……”

“这个挺贵的吧，还是不买了！”

“钱没怎么花，就没了！”

“油价又涨了！”

……

这些有没有出现在你的生活里：钱总是不够用，买稍微贵点儿的东西，都要不自觉地把它折算成自己多少天的收入；超过一万的开销，都要计划一下怎么能补上这个空缺；不敢忘记自己每个月有多少收入，也不敢忘记下个月还会有多少工资；甚至买一件衣服，不打折就不舍得买；在心里默默地对自己说过好多次“等我有钱了”……

大学毕业之后，经常听到大家说又忙又累，说加班到凌晨，说工资低，说假期少；说不敢生病，不敢辞职；就算心中有诗意和远方，也没有说走就走的勇气。因为有质量的生活，既需要钱，又需要闲。而对于大多数刚刚步入职场的年轻人来说，这两样都没有——赤裸裸的，又穷又忙，穷得只剩下理想，忙得没时间生活。

周末聚餐，小玄问旁边的男生跟喜欢的女孩表白了没有。男生摇摇头，苦笑道：“像我现在的状况，不敢表白。我现在没有资格谈幸福，每天工作超过十二个小时，收入还没有她高。就算女孩儿不嫌我穷，我连陪女孩儿出去看风景的时间都没有。今天趁办公室网络维修，才能空出来半天，随时还得回去。以前还能用各种借口每周约见一两次，现在已经有一个多月没见了，等等再说……”

男孩儿研究生毕业，工作不到半年，在他看来，自己又穷又忙，哪有资格谈幸福。

这是一群人对自己生活状态的定义：工作比自己想象的累，工资没自己期望的多，又穷又忙，“没资格”谈幸福。

北京的房价今年再次上涨，在北京的闺密又一次给我算了一笔账，说自己努力工作挣钱的速度比不上房价上涨的速度。每天早出晚归，拼命努力，就是想在北京拼出一片立足之地。晚上回家累瘫在床上，看到房价又涨了，那一刻，真想收拾东西回家。

朋友工作四年，和老公都在北京工作，两个人月收入三万多，但是要攒钱买房，除了拼命吃苦，把工作业绩做得更好之外，不知道还有什么资本能留在北京。

这是一群人对自己生活状态的定义：辛苦挣钱还是买不起房，又穷又忙，缺少幸福感。

前一段时间刷屏的一篇文章，一个中产阶级自曝账单，精细地计算了生活的各项开支和未来十年的开销，得出结论是家庭年收入七十万，根本不够用。为了维持家庭现在的生活状态和保证以后的生活水准不降低，她和丈夫带着对未来的恐慌，不敢轻易辞职跳槽，只能“委屈”自己：为了每年全家人可以换新衣，为了每天全家人都能享受到有品质的早餐，为了以后送孩子出国，为了自己老了还能保持一定的生活水准……

年收入七十万还是不能过上有安全感的生活。有人说：“我们的中产阶级就是一个笑话，拼搏了十几年，依然逃不开‘又穷又忙，又恐慌’。”

这是一类人对自己生活状态的定义：收入提高了，但是开销大，存款少，依然恐慌。

其实，在得到自己想要的生活状态以前，不管收入是多少，不管一周工作五十个小时还是四十个小时，都会觉得自己又穷又忙，总觉得心中的幸福感还缺那么一点点，无法弥补。

又穷又忙，是自己的选择。虽然不是人人都可以“有钱又有闲”，但是都可以在自己的能力范围之内达到“小富即安”，不富，至少也可以让自己紧绷着的弦得以放松。实际上，我周围的人就算可以连续数日“悠闲”，在彻底放松之后，又会开始怀念起忙碌的日子，重新进入备战状态。

研究所工作的男孩儿没有对自己的生活敷衍，还是每天全身心地努力着，尽可能做到最好。

在北京工作的朋友，他们一家还是每天花三个小时上下班，在那个“站在大街上喊一声都没有人回头看看你是谁”的城市里奔波。

年收入七十万的那一对夫妇，他们还是带着恐慌，用自己的努力去拼一个未来的保障，不敢辞职，不敢挥霍。

又穷又忙，是很多人一生的状态。

我们为什么总是又穷又忙？

我想，是我们想要的“有钱又有闲”的生活一直在路上。“富”的定义不断变化：拿到五万的时候，想要五十万；有了五十万，也还是不够。没房没车的时候，想有；有了之后，还想要换好的、大的。“闲”的定义也不断变化：没有周末的时候，就想有时间能好好睡一觉；能睡好觉之后，想要有假期；有假期之后，想要更多的自由；自由了之后，还想要更多的钱。

我们想要的总在路上。之所以这么“贪心不足”，是因为我们总有一个期待，期待有一天，我们可以和在乎的人一起拥有自己想要的生活，欣赏自己想看的风景。我们的一生，都在追求一种幸福，叫作“更幸福”。

一个朋友说：“从工作之后就一直缺钱，也缺觉。计划要花出去的钱，总是比挣得多。工作熟练了，事情却越来越多。”

即使收入不断提高，因为对自己生活的期望也在不断提高，所以一直穷，一直忙。

现在可以买三年前不敢买的衣服，可以去三年前不敢去的餐厅，仔细一想，还是有不敢买的衣服，还是有不敢进的餐厅。

我一直觉得这不一定是坏事。

就算努力几年之后，还是“又穷又忙”，但是对生活的掌控力明显提高了。刚工作的时候都不敢生病，几年之后，可以安排好手头的事，空出几天出去玩。

就算努力了十几年之后依然恐慌，还是“又穷又忙”，但是心情可以不被物质所左右了，可以每天有一段属于自己的安静的时间，可以有应对未知风险的底气。

让生活保持忙碌和充实，是一种选择。每一个有上进心的人，都会不自觉地把自己放到这种状态里，包括精神和物质上，一直追求着更高、更远、更富足。

要相信，在很多年的努力之后，如果你觉得还是只够养活自己和家庭，那是因为养活自己和家庭的成本提高了。把生活品质提高，就是努力的意义。因为人们要的不仅仅是幸福，而是更幸福。

今天看到央视《开讲啦》的一段视频，视频里这个说自己“只能够吃饱穿暖”“白天在上班，晚上在加班”的姑娘，问了经济学家樊纲“穷忙族”能幸福吗。我很赞成樊先生的回答——这就是生存的状态，作为年轻人，你必须走过这一段。你现在选择加班加点，说明你还是有期望值的，你还是觉得这么做会比不这么做更幸福。既然走上了这条“过度竞争”的道路，要过得更好，你就必须努力奋斗，你就必须有不安全感。

所以，如果你也年轻，你也又穷又忙，不要害怕，很多人和你一样。每一个阶段的又穷又忙，都会跟之前有所不同。你又穷又忙，是因为有所期待；你恐慌，是因为所有追求幸福的过程中都带着不安全感。也许，又穷又忙可以换一种说法，是为理想的生活而努力奋斗。

▶ 抱怨没有用，唯有努力去生活

前两天，偶然看到一个林志玲的演讲，印象深刻极了。她谈及好几年前的那次坠马事件时说，从医院醒来的那一刻，医生告诉她，肋骨骨折，会非常痛。她只问了医生一个问题："会好吗？"

医生说："会！"

从那以后，她没有再喊过一声痛，没有再掉过一滴泪，她要把所有的力气都留着让身体复原。

我有一点儿顿悟，也有一些启发。在这个世界上，时间匆匆，春光有限，我们每个人的精力是有限的。这个世界上最公平的是，每个人每天都只有 24 小时，而这个世界上最残酷的法则叫作等价交换。我们想要的所有东西，都是我们付出时间和心力换来的。那么，我们是否又浪费了太多时间和力气在那些无谓的事情上，比如抱怨，比如哭泣，比如浪费时间觉得这个世界不公平呢？

这一切都没有用，它们只会不断地消耗着我们，除了让我们陷入顾影自怜的失望中以外，并没有什么用。

想起了之前在里约热内卢的贫民窟里，遇到的一个踢足球的少年。他叫卢卡斯。清晨七点钟去贫民窟的时候，他已经在只有八分之一足球场那么大的一块空地上，和一群光着脚丫的少年一起踢足球了。和我同去的警察对我说："你没有办法想象他们有多想成为足球运动员，他们没日没夜地在这里踢球，除了吃饭和打零工赚钱养活自己的时间，他们都在踢球。"

"这里会出现下一个罗纳尔多吗？"我看着这些兴奋得奔跑着叫喊着的孩子，看痴了。空地外零乱地放着他们的"人字拖"，每一双都已经黑旧得看不出"人字拖"

原本的颜色和花样。我在想，罗纳尔多曾经对媒体说，他每次都光脚踢球，看来这是真的。小罗纳尔多曾经也对记者说，他童年什么都没有，只有足球，看来这也是真的。

这些穿着破烂的背心、裤衩的孩子，有的甚至光着膀子，他们轻盈地带球，眼花缭乱地过人，用力射门，在这些时刻，好像贫民窟的贫穷和危险对于他们来说是不存在的，周遭所有的肮脏破败，现实的饥饿和潦倒对于他们来说也是不存在的。他们踢球的样子在灰色的贫民窟里闪闪发光。而我的手表，指针指在七点半。

其实那一刻，我想起了大学时代的自己。如果上午头两节没有课，那么七点半应该还没有起床。但是等到要背课文，等到要考试，我首先说的却是："我没有时间，哪里来得及复习这么多课文，记那么多单词。"我甚至开始抱怨："为什么大学比高中还累，大学不应该是只有很少的课，可以有大把的时间玩耍才对吗？"

然而，现在想来，这些抱怨，除了带来自我消耗以外，到底得到了什么呢？单词依然没有记住，对听力课也依然是一知半解。而自我消耗的负面影响不仅仅在抱怨那个当下，而且浪费了我们的时间，并且会影响到你的精神，影响到后来更多的时间。

The City of God，那个贫民窟被叫作“上帝之城”。看电影《上帝之城》的时候，我没有想过有一天我居然真的会来到这里，会走进这个被称作里约最危险的贫民窟。《上帝之城》充满了人性的堕落和无尽的暴力，让人感到恐惧。我没有想到的是，看过电影的很多年以后，我终于走进“上帝之城”时，在灰白的砖墙，肮脏的街道，土黄色的泥地，所有用灰色、土黄色、暗褐色、深黑色组成的“上帝之城”里，看到的居然是一群闪闪发光，拥有金灿灿笑容的少年们。

警察叫来那个叫卢卡斯的少年和我们聊了一会儿天儿。他说他十点要去修车店帮人洗车赚一点儿钱，不去洗车就没有饭吃。

卢卡斯一本正经地和我们从技术角度分析着他踢球

存在的各种各样的问题，贫民窟里任何一个热爱足球的孩子讲起足球来都是一套一套的，丝毫不逊于任何一名足球解说员和评论员。他们谈论着自己的优点、缺点及需要改进的问题。

当然也谈论着他们的偶像们。卢卡斯眉飞色舞地说着他的偶像内马尔，他说："内马尔小时候和我们一样，也没钱，但是你看，他的技术多好，他踢得多棒。"

我说："你每天到了十点就要去洗车赚钱，并没有很多时间踢球啊？"

卢卡斯不以为然，反驳我说："只要早起就可以去踢球。"

我说："你不因此沮丧吗？"

他说："这是现实生活，总要活下去。正因为我还要打工赚钱，我更要把除此之外所有的时间和力气都用来踢球，而抱怨贫穷，抱怨生活，根本就没有用。"

卢卡斯无比坚定地相信这个已经掉了皮的，棉絮都要飞出来的足球会带他去他想要去的地方。而他，要留着所有的力气踢球，只有这样，“那一天才一定会到来”。

一寸光阴一寸金。很喜欢这样一句话：“记住那，关于光阴的教训，回头走，天已暗，你献出了十寸时和分，可有换到十寸金。”

如果我们献出的十寸时和分，都只是在消耗自己的力气和精神，那么我们又拿什么去换那十寸金？我们都是这个星球里小小的人儿，小人儿本来就不起眼，更不能再自我消耗。我们要留着所有的力气，用来让自己变美好。

Two

生活，就要有“矫情”的仪式感

▶ 别只顾忙，生活也要有仪式感

“我最近很忙，改天我们一起吃个饭。”

“忙晕了，忘记给你打电话，周末再约。”

“抱歉，开会，我要晚到一会儿。”

“亲爱的，我被堵在路上了，再等下！”

“我昨儿熬夜写文案，今晚还得一个通宵，吃饭都没空了。”

“你在忙什么？我都快忙死了，等你不忙的时候我们约饭哈。”

生活中、朋友圈、耳朵边都充斥着上面这些“忙语录”，这种约饭听了就别当真，一定遥遥无期。

这种状态遍布任何约会，等人已经成了常态，然后就是看手机，不时接打电话，兼顾回复各种信息，然后跟上一句："太忙了。"

之前有人跟我感叹："晚上十一点前睡觉该是多么幸福的事情。"

我问："难道你连这个都做不到吗?"

对方回答："我要忙着改变生活现状，有上进心的人谁舍得早睡?得利用一切时间努力啊!"

我又被溅了一身鸡血。工作很多年之后，这位还是个销售员，晚上是不舍得早睡，可早上更不舍得早起啊!

说是工作自由，其实就是公司好混；说是忙着赚钱，其实就是给自己找个马上就要成功的自我安慰。你胡吃海喝发胖不运动，熬夜不规律，你那不是忙着生活，而是在忙着找死。你那不是有上进心，分明是贪心。

一段时间里，我以为大家都很努力，甚至为自己"不忙"而感到无比羞愧。因为别人约我吃饭、喝茶或是小坐，我基本都会说："我不忙，提前跟我定时间就可以。"

我偶尔也会被放鸽子，等对方的时间长过了吃饭的时间，小坐时被对方的手机弄到索然无味，再没有了聊天的欲望。

真的都那么忙？那还约什么饭看什么演出啊！

有人再忙也不会耽误在朋友圈里各种晒照，工作时候晒出差、晒机票、晒会场、晒酒店、晒工作餐，当你把酒店房间都拍仔细了放在微信群里的时候，我认为你实在是“忙”得太闲了。

各种工作、各种努力、各种辛苦都晒到朋友圈的时候，其实谁都清楚，不过是为了向老板邀功，唯恐同事没有心生忌妒罢了。

人生轨迹各不相同，但有一点挺相似：活着，不在生活里折腾一把是不甘心的。可忙来忙去，你到底忙到了什么？

身边好多忙着努力的人，有点儿样子的生活却少之又少；好多标榜自己优秀的人，有点儿情趣的日子却基本看不到；情感更是莫名其妙到遇到的永远不是自己想要的。奢华遍地却难见教养，一直努力却不见体面。

不要再说你很忙了，我又没想跟你约饭。因为吃饭对我来说是一件非常重要的事，在家要买好菜煲好汤，用漂亮的餐具盛放，等家人围坐在餐桌上正式开始我们的晚餐。

在外要定好餐厅，换上得体的衣裳提前到场，等朋友一个个到来正式开始我们的聚会。

其实，我们都需要这样的仪式感来告诉自己，除了生存还有生活，除了过日子还要有情趣。我们唯有心有敬畏，才能感受到好好活着就是一种幸福。

换句话说，生活越是让我感到痛苦迷茫时，我越是会认真做好洗衣、做饭、理家这些看似微不足道的事情。这种认真里的仪式感会给予我力量与安全感，我身上渐渐拥有的那种光芒无可替代。

对于仪式感，圣埃克苏佩的小说《小王子》里有这样一段生动的解读：

小王子驯养了一只狐狸，第二天去看望它。

狐狸说："你每天最好在相同的时间来，比如说你下午四点来，那么从三点起我就开始感到幸福，时间越是临近我就越感到幸福，到了四点的时候我就会坐立不安，然后我会发现幸福是有代价的。如果你随便什么时候来，我就不知道什么时候该准备好我的心情，这应该有一个仪式。”

小王子问：“仪式是什么？”

狐狸回答：“是经常被遗忘的事，仪式就是使某一天与其他日子不同，使某一刻与其他时刻不同。”

记得有一天要去听音乐会，女友穿得很随便，我坚持让她回家去换礼服。在我看来，那些能够盛装出席的男女都是音乐厅里的另一道风景，仪式感能让我们感知尊重别人才能够赢得尊重。

当音乐给予我们快乐的同时，我们相牵的手也在传递幸福的暖意。那一刻，就真的和其他时刻不同了。

再忙，也要好好吃一顿饭，留点儿时间和亲人、爱人、朋友真诚相处。再努力，也要记得调整方向，留点儿空间爱自己，爱别人，提升修养，对生活抱有敬畏，对情感全力以赴。

当“努力”变成鸡血，“忙”字总被刷屏的时候，本该轻松的生活变成了活给别人看的木偶剧，本该是港湾的家倒成了最不安稳的隐患，最终毁掉很多原本用过心的男女。人生本就艰难，找到舒适幸福的生活状态要比获得成功重要得多。

我努力，是为了过上有品质的生活；我跑步，是为了拥有健康的身体；我不刻意忙碌，因为我要享受生活。

即使我们再忙碌，生活的仪式感都不可或缺。

► 用心生活，寻找人生的“小确幸”

[1]

松浦弥太郎，被称为“全日本最会生活的男人”。

在他创办的公司里，他对员工的要求是早上九点上班，下午五点半必须准时下班，周末也绝不允许加班。多出来的时间要用来陪孩子，和朋友看电影，或是在家做饭。

而他对于生活，一直坚持着自己的原则，并有着自己的“100 个基本”。

他坚持一周买一次花，两周剪一次头发。

他坚持一年四个季节里，有四次不可错过的享受当季美食的机会。

在他的生活中，每一件细微的小事都有其重要的意义，他也持续思考着什么才是生活中美的事物。

他珍惜、享受、体味独处的时间。在他的家里，他如果想增加一件东西，就会想办法减去一件。在寝具与家具的消费上，他认为不应吝啬。

平日在家中，他会用心地做食物，哪怕泡一杯燕麦片，煎一个荷包蛋，都值得被郑重其事地对待。

他也会费些心思购置一些小物件摆在家中，享受着亲手创造的生活美感所带来的喜悦。

他所坚持的生活美学，在他接手的杂志《生活手帖》中体现得淋漓尽致。

他把用心生活当成自己的全部事业，用极致的生活仪式感愉悦着自己，也提醒着自己的每一个读者生活细节有多重要。

在我们的生活中，大多数时间都是平淡无趣又充满匆忙的焦躁。松浦弥太郎的生活之道在于他用认真庄重的态度看待生活里一切细琐又看似不重要的小事。

找到生活的乐趣是对生活的尊重，也能让我们发现其中一些被遗忘的快乐。这些快乐，与财富的多少并无太大的关联。

缺乏对生活的敏感，生活中一些趣味盎然的瞬间或许就会被我们错过。比如你种植的绿萝在你新买的花瓶中伸展出来的一片还带着晶莹露珠的叶子，就能让你感受到那抹绿色带来的生机；或是夕阳西下时，照进房间里铺着的地毯上形成的一轮好看的光影，像是一幅画一样。

我们并不需要投掷千金买一盏华丽高贵的水晶吊灯；相反，一台简约花纹氤氲着暖光的落地灯，更能让我们感受到家的温暖。

找到生活的乐趣是一种能力，生活就像加减法，我们该学会去掉一些不重要的东西，添进能增加生活味道的物品，一点一滴地构筑生活的乐趣。

[2]

村上春树创造了一个词——“小确幸”，指的是微小而确实的幸福，是稍纵即逝的美好。村上春树说他生活中的小确幸多得不得了，例如，买回刚刚出炉的香喷喷的面包，他站在厨房里一边用刀切片，一边抓食面包的一角，那一刻可以察觉到幸福；独处时，一边听勃拉姆斯的室内乐，一边凝视秋日午后的阳光在白色的纸糊拉窗上描绘树叶的影子。

他说，没有小确幸的人生，不过是干巴巴的沙漠罢了。

如今的生活快节奏，使很多人选择拼命工作，牺牲所有时间换取财富，去追求外人看来高贵奢侈的生活。他们穿得光鲜亮丽，却以机器制造的食物果腹，用昂贵的粉底盖住厚重的黑眼圈。可是，在我看来，奢侈的生活并不是用昂贵的名牌包包或是带着耀眼 Logo 的鞋子才能堆砌出来的。

每天早起一小时，和家人一起品尝用心准备的早餐；

在一天忙碌的工作之后，回到家沏上一杯热茶，坐在温暖舒适的沙发上盘着腿，燃一炷熏香，看一本自己喜爱的小说，或是用自己精心挑选的珐琅锅为爱人炖煮一锅香气四溢的浓汤。

这些，未必不是真正奢侈的生活。

想起曾经在台湾环岛的时候，在台东住过的一家民宿。民宿老板是一对年轻夫妻，养着一只金毛猎犬。他们的民宿装潢简单，但每一处都能看出主人的用心。散发淡淡香气的实木地板，干净洁白的纯棉床铺，桌上鲜艳欲滴的花朵，墙上挂着色调自然的壁画，每个角落都一尘不染。

老板娘自己种植蔬菜和水果，清晨早早地到田园里采摘新鲜的西红柿与黄瓜，洗净后与鸡蛋一起简单翻炒，已然美味。早餐时间与他们闲聊，才知道他们俩都出自名校，曾经有着令人艳羡的高薪工作，最后却回到家乡，改造了父亲留下的老房子，作为民宿。他们每天在沐浴着日光的房间里醒来，在草地上与狗狗追逐跳跃，和来来往往住宿的陌生人攀谈，给花浇水，研究不同食物的做法。

他们说，城市生活并没有什么不好，只是繁忙的工作让自己没有时间停下来思考，忙碌的一切好像让生活越来越失去意义了。

老板娘说：“生活是有仪式感的，我们想要尊重生命给予的一切，多去感受其中有趣的体验。”正是我们看重的仪式感让生活真正地成为生活，而非简单快速的生存方式。这里没有喧嚣热闹的街道，也没有浮光掠影的大商场，但我们可以在这里感受生命静静流淌的力量，也更明白了家的意义，就是和爱的人在一起，做我们想做的事。

即使我只是过往的旅客，也能在住着的那几日里感受到满溢的爱意，就是那种叫作“家”的温暖。

［3］

在我的心目中，生活的意义，是即使一个人也能把日子过出热气腾腾的乐趣。这种对生活有着不停息的热烈感动，让我坚信让自己及生活的空间保持干净整洁，是对生活的尊重。有位女作家曾说过：“衣要有衣的美妙，人要有人的精神，家要有家的样子。”

我愿意盖着阳光晒过后的有着淡淡香味的棉被安然入睡，也愿意在周末起个大早清洗衣服床单，把沙发和桌子整理干净，更愿意在阳台种几盆花草，养一只可以依偎在脚边的宠物，把住宅装扮得精致漂亮。

王小波曾说：“一个人只拥有此生此世是不够的，他还应该拥有诗意的世界。”过这种诗意的生活并不是矫情造作，而是在庸常生活里让自己带一点儿格调与品位做事，把生活过得浪漫有趣，不让自己活得粗糙。

一个人生活品质的改善，并不需要多少钱来堆砌，更与地位无关。把日子过得精致了，才是你的本事。只有对生活不将就，才能把日子过成诗。

我有一个朋友H，这些年来虽然她一个人租房住，却把出租屋住成了令人艳羡的样子。当年毕业后，她孤身来到这座陌生的城市，租一间简单的房子，早出晚归。她说工作的操劳让她已经难以描绘生活的形状。

直到有一天她走进美克美家的家居店，冲着店员说的一句“不需要多么华美的装饰，家也能有家的样子，从细节改变生活方式，生活品质就大不相同了”，就冲动地买了一盏落地灯和一套单人沙发回去，以为添了两样家具她的小房间会显得逼仄局促，却没想到它们持续供应的温暖让她在这座以理想为出发点的城市坚守了五年，也让她开始喜欢上这种用“家的美学”来思考改变生活方式的生活情趣。

她说：“风格别致、舒适整洁的房间，是开启我们新生活的序曲，每一件生活的琐事，洗脸、刷牙、做饭、煮咖啡，都是建立起精致生活品质的一砖一瓦。”

过一个有品质的生活，还要懂得时不时扔掉一些无用且旧的东西，增添新的物件。换掉沾满油渍的桌布，换掉昏暗刺眼的台灯，换掉被岁月抹去光彩的墙纸，换掉开启时会嘎吱作响的床头柜……

过一个诗意的生活，是可以通过一件一件的小事去实现的。

给自己布置一个优雅的客厅，摆上几盆绿色植物，铺上柔软的地毯。收拾好卧房，因为这里是梦开始的地方。

在家里给自己开辟一个可以安静思考的空间，在这里看书，写字，听音乐。

过一个精致的生活，追寻生活品质的核心，并不需要我们付诸多少金钱才能实现，而是我们都该学会善待自己，学会尊重生活。

▶ 做一个有生活情趣的“烟火神仙”

[1]

最近有个朋友过生日，聚会上有人送了他一对精致的杯子做礼物，据说这对杯子做工质地讲究，连配图都出自绘画大师之手。然而，就在朋友得知这对杯子价格近千元钱的时候，他直接“炸”了：“不就是个盛水的东西，跟我用的十块钱的玻璃杯有什么区别？这俩杯子哪里值这么多钱啊！”

看着他“啧啧”心疼钱的样子，我们一时语塞。

看到我们的反应，他一时也有点儿不好意思，立刻解释说，其实不是钱的问题，只是自己不讲究，反正水杯能用就行，从未考虑水杯的做工和配图美观的问题，觉得这样太浪费了。

我们也相信确实不是钱的问题，对他来说，他只是觉得水是用来喝的，水杯的作用就是盛水，不洒不漏、实用就行。

当下，很多人跟我这位朋友一样都是“倔强的实用主义者”。

之前，在微博上看到一个姑娘晒出了自己改装出租屋的攻略帖，就在很多人点赞支持的时候，也不乏一些这样的评论：

“又不是自己的房子，花那么多钱折腾有什么用?”

“这些年轻人有点儿钱就会作，不就是回去睡个觉的地方，花钱、花工夫弄成这样，一点儿都不值得!”

……

后来，这位姑娘从容地在微博上回应他们：“房子是租来的，但生活不是啊，就是因为不是自己的房子，我才要花些心思改动一些细节变成自己喜欢的样子，毕竟这是我褪去一天疲惫的地方啊。”

很多人动不动就喜欢质问：“……有什么用?”其实，说得好听些，这些人叫“实用主义者”，直白地说，他们就是不懂审美，缺乏生活情趣而已。他们喜欢直奔目标而去，对过程中的装饰和审美他们并不感兴趣。

木心曾说：“没有审美力是绝症，知识也解救不了。”现在很多人过得不好，并不是因为没钱，而是因为他们没有精气神，没有恰当的审美，不讲究生活情趣，生活揭露出最务实、最粗俗的一面，越来越追求实用化的背后，就是越来越平庸，越来越枯萎。

[2]

这世上实用的东西有很多，但是，幸福感和希望感却很稀缺。

有一个词叫“空心病”。大意是：现代人时常会感觉到疲惫、孤独、情绪差，感觉学习和生活没什么意义，感觉身心被掏空。

其实让大多数人感受到累和疲惫的并不是生活本身，

而是他们的生活态度和生活方式。

过度追求实用，难免会变得焦虑，根本原因就是缺少生活情趣，过度忙碌，过度看重结果，从不安心于生活的精致与悠闲。即便他们并不缺这样的物质条件与感受力，他们也喜欢刻意让生活变得粗粝清苦，活得就像坚硬的水泥地一样，毫无质感和幸福可言。

生活的真谛就是懂得享受生活，讲究生活情趣带来的心灵愉悦，从而使自己的心情达到一种舒畅或平静的状态，做事完全是自觉、自愿而且带着兴趣的。真正的随心所欲并不是指金钱的数量和方向，而是指心灵的自由。

生活会用平淡消磨我们的热情。做一些看似无用但喜欢的事，买一些贵但想要的东西，适时地取悦自己，唯有这种情趣能让你跟强悍的现实打个平手。有趣的人，一碗稀粥也能喝出玫瑰的气息。

[3]

记得在一篇文章中看到过这样一个故事：

在饭店吃饭时，隔壁桌一对小两口儿带着老两口儿，儿子每点一个菜，就遭到妈妈的反对，说："红烧肉四十八元，也太贵了，猪肉才多少钱一斤，四十八元在家里能吃好几顿。"就是这种"什么都不如在家里吃便宜实惠"的逻辑，最后把儿子惹生气了，直接丢下菜单："都不合算，那干脆回家吃得了。"结果，妈妈却高兴得很："我早就说回家吃，自己做才合算。"

结了婚的女同学总是喜欢向我们吐槽她老公不懂浪漫，今年七夕的时候她老公给她买了一大束玫瑰，结果她暴跳如雷地对她老公吼道："今天的鲜花比平时贵那么多，花这钱还不如去多买几斤蔬菜!"顺手就把花扔在了茶几上，最后还是八岁的小女儿把花插进花瓶里的。

在餐厅吃饭是比在家做饭花费高，情人节的鲜花也确实比平时贵许多，但是我们就是需要这种仪式感，哪怕多花些钱。

因为在某种意义上，讲究生活情趣就是懂得制造仪式感。仪式感对于生活最重大的意义就在于它能唤醒我们对内心的尊重，从而去尊重生活。

青春时代，我们敢爱敢恨，发誓这辈子一定要嫁给爱情；如今，多少人被催婚后就相亲，觉得对方凑合就谈恋爱了，然后就凑合着结婚，凑合着生孩子……过着凑合的人生。

我们就是这样输给了眼前的苟且，还用否定远方来寻求安慰。

看到朋友圈有人晒丰盛大餐，就说人家是炫富；看到人家夫妻恩爱，就说人家早晚也会吵架分手；看到有姑娘三十几岁未嫁，就嘲笑人家说是没人要的“剩女”。

不讲究生活情趣，不会生活的人，是怎样都不会拥有诗和远方的，因为他们根本就不懂什么是诗和远方。

[4]

美好的东西能抵抗生活中的沮丧和困顿，一个人专注于审美、讲究生活趣味的过程，就是愉悦自己、滋养身心、重获希望的过程。

第二次世界大战后，一个叫沃尔特斯的美国人在法国巴黎的大街上看到一片片瓦砾、废墟，他很担心地问当时任美国驻巴黎办事处主任的哈里曼说：“你看他们还能重建家园吗？”

“能，他们能做到。”

“什么东西使你这样肯定呢？”沃尔特斯问。

“你看见他们在地下室的桌子上放着什么东西吗？”

“放着一盆鲜花。”

“对！”哈里曼很有信心地说道，“任何一个民族，当他们处在这样一个凄惨的境地，还能想到在桌上摆束鲜花，就一定能在废墟上重建家园。”

面对沮丧和困顿，依旧能讲究生活情趣的人，一定是对生活无限热爱，对未来充满希望的。

你看，讲究生活情趣真的很重要，就像林语堂在《人生不过如此》中写道：“我们最重要的不是去计较真与伪，得与失，名与利，贵与贱，富与贫，而是如何好好地快乐度日，并从中发现生活的诗意。”

因为一个人只拥有此生是不够的，他还应该拥有充满诗意的世界。

[5]

懂生活情趣的人，也是用心生活的人。

一个好朋友，年过三十的她已经做到公司老总，每天清晨她一定会搭配好喜欢的衣服，化好精致的妆容再出门；不管多么繁忙，她每天都要抽出时间喝一杯自己喜欢的咖啡。她说："要生活得柔软一点儿，我们不仅要工作，带孩子，照顾家庭，我们更要真正地爱自己，爱生活。"

有次我和她一同出差，事情结束时已经很晚了，我们就在路边找了一家便利店，我随便点了一碗馄饨胡乱吃了几口，一抬头，看到她放好酱汁和调料，认真地拌着那碗葱油面，又点了几个自己喜欢的小菜做搭配，然后认真优雅地吃起来。

那一刻，我和她形成了鲜明对比，我扭头落泪，瞬间懂得："一顿饭都不好好对待的人生根本不值得过！"

蔡澜，是纪录片《舌尖上的中国》的总顾问，人称"食神"。作为和武侠大师金庸、词曲大家黄沾、小说家倪匡一起被称为“香港四大才子”的他，靠着最“不起眼”的“吃喝”，成了大才子。

他写寻常煲汤：“用一个双层搪瓷铁煲，底锅盛水，待滚，就可以把上面的锅装进去，这种煲出来的汤是炖的，很清，一点儿也不浊。”

他写最普通薄饼的吃法：“包时留一个缺口，把汤汁倒进去，馅才润，皮才不破，是最正宗的。”

他笔下常见的花生，都别有味道：“真是爱死花生。尤其是卤水，学问更大，餐厅里开饭前总有一碟，做得好的话宁愿整晚食之，也不多碰正餐。”

什么是有趣？有趣就是在最普通平凡的日子里活出甜味，活出雅致，活出清欢。有趣才是一个人最高级的性感。

据说为了尝到最真实、最用心的味道，蔡澜花费了很多心思：在不起眼的街边摊，他曾经蹲了几个小时，只为等待一碗热气腾腾、满是人间烟火气的饭；也曾跑遍三山五岳、半个世界，去吃当地最有特色的食物；更是不惜推掉一切社交，奔波数万里，去尝一口最新鲜的河鱼。

对于懂得生活的人，“吃喝”这种小事也是非常有仪式感的事情，是最接近生活的本真。很多人总是豪气冲天，幻想着策马扬鞭奔向远方，可是只有认真踏实地过好了眼前的小日子，才能取得像蔡澜这样的大成就。

[6]

懂生活、讲究生活情趣的人是什么样的呢？

大约就像：

荧屏之外的周润发拿起相机，捕捉生活的美好瞬间；

汪涵读书，研究方言，活成了“烟火神仙”；

陈道明为女儿捏起糖人、面人，给爱人做手工包，总做“无用”之事。

工作、赚钱、地位等固然重要，但生活才应该是一个人全部的事业。真正奢侈的生活就是幸福的生活，这跟有几套房、有多少奢侈品包包，开几百万元的豪车没有太大的关系，因为真正热爱生活、内心幸福充盈的人，即便是住在临时板房里，依旧有搭个花架种几盆花的情趣。

生命要花浪费在美好的事情上，就像梁文道说的：“读一些无用的书，做一些无用的事，花一些无用的时间，都是为了在一切已知之外，保留一个超越自己的机会，人生中一些很了不起的变化，就是来自这种时刻。”

人这辈子很短，重要的不是结果，而是过程。如果仅因所谓的“优秀”“成功”，逼着自己狂飙前行不管不顾，抛却琐碎日子里所有静候和热爱，那压根儿不算上进，而是无谓的没有意义的较劲。

毕淑敏说：“你必得和日月星辰对话，和江河湖海晤谈，和每一棵树握手，和每一株草耳鬓厮磨，你才会顿悟宇宙之大、生命之微、时间之贵、死亡之近。”言外之意，就是你要真正地学会生活，才能感受到生活的乐趣和意义。

每一个洒脱的人，他们的生活从来都不是靠正能量和鸡汤，而是靠不慌张，以及任何时候都有享受生活、讲究生活情趣的心境。只有经过爱，见过美的人才能拥有一种强大和勇敢，从而对抗世俗的粗糙。

就像微博上有人说的："眼眸比身体性感，杯碟比食物味浓。衣着精简，心不外想，睡到足。爱钱不腻富，爱诗不添醋，山林自有雪雾。做最世俗的人，聪明绝顶，说最混账的话，情深义重。"

讲究生活情趣，过一种有审美力的生活是一种能力，这种精致生活需要一颗对生活的热爱之心，需要一颗从容不乱的心，只有这样，才能将普通的日子过得闪闪发光。

愿你们在匆忙疾驰的都市生活中，慢下来给自己的生活制造一些愉快的时刻；愿你们身体和精神都健康，把平凡普通的日子过得闪闪发光。

▶ 穷也要有穷的格调

［1］

敏敏早上接到老同学珊珊的电话后，便开始从里到外地收拾房间。

珊珊是敏敏的大学同学，上学的时候两个人好得如胶似漆，恨不得上卫生间都手拉手一起去。毕业后珊珊毅然决然地一个人去深圳打拼，敏敏则跟随男朋友留在读书的城市，平平淡淡地过日子。

毕业三年，一直没有机会见面，早上珊珊突然来电话，说要来出差一段时间，特意要给敏敏一个惊喜。

敏敏心中既高兴又有些忧虑，珊珊好不容易来一趟，无论如何都要请到家里来坐坐，可是面对一片狼藉的家，敏敏很是烦恼，又无从下手。

她看了眼在那张宽度不足一米五的小床上睡梦酣甜的男友，摇了摇头，便自己下床去收拾。

阳台上班尼的便便已经开始招苍蝇了，敏敏捏着鼻子去打扫，班尼还不识趣地不停过来抓敏敏手里的垃圾袋。

客厅的靠椅上横七竖八地丢着穿过的衣服和袜子，小小的木质餐桌上堆满了昨天晚上的残羹剩饭，旁边的垃圾桶被塞得满满登登，快要溢出来了，矿泉水瓶在门口堆了一地，破旧的小厨房里一堆碗没有刷。

敏敏饿着肚子收拾垃圾，拖地，洗衣服，刷碗，越收拾越觉得难过，怎么自己平时生活在这样凌乱的房间里。

她小心翼翼地拉开卫生间那扇摇摇欲坠的门，进去打扫，本来想把马桶圈立起来刷一刷马桶的，结果发现怎么也立不起来，蹲下一看，原来马桶圈不知什么时候从中间折了。

那一刻，她恼羞成怒地将马桶刷一摔，吧嗒吧嗒地流起了眼泪。

她在想，为什么自己的生活这样不堪入目？

毕业三年了，依旧住在这间不足40平方米，阴暗得几乎能发霉的出租屋里。

家里除了一张电脑桌还算过得去，再没有一件像样的家具。卧室的门掉了一层皮，门锁也是坏的，屋内的布艺折叠衣柜上落满了灰尘，里面的衣服乱作一团。

小小的梳妆台上略显廉价的化妆品杂乱无章地摆着，一台吸满了灰尘的电风扇在那儿没日没夜地转着。

她也曾是个光鲜靓丽的姑娘，却为何过成了现在这副模样？连多年不见的好友来家里，都得翻天覆地地收拾。

她生怕珊珊来家里的时候，被班尼不识趣地弄脏了衣物；生怕珊珊去卫生间的时候，稍稍用大了力气拉门便掉下来；生怕尴尬地告诉珊珊，家里的马桶要用手盆冲水。更尴尬的是，吃饭的时候，还要说："不好意思，我们家的餐桌是坏的，要放一个折叠桌，坐在地上吃饭。”

想到这些，她哭得更加厉害了，从前她也知道家里不太好看，所以从不带任何朋友来家里。

可是，当她终于避免不了要带多年的好友来家里时，才发现原来这几年，她生活得这样惨不忍睹，连她自己都不忍直视，这哪里像个姑娘家的生活。

毕业几年了，她还在混日子，不仅生活过得惨不忍睹，工作也是浑浑噩噩，每个月的工资也只是勉强够温饱。

当初珊珊在上海也住简陋的出租屋，被公司领导吹胡子瞪眼睛，被客户甩脸子的同时，也领着微薄的工资。

如今珊珊住单身公寓，在公司做到了部门经理的位置，随便一个单子都能顶她一年的收入时，她依然领着比之前多不了几百的工资，依然住简陋的出租屋，并且凌乱不堪。

一个人的居所，体现了一个人的生活。如果你的房间一团糟，那你的生活也一定好不到哪里去。你可以不富足，但一定要精致，连房间都不能打理得井井有条，又怎么能将生活过得精彩纷呈呢？

［2］

很久以前，我也有过这样狼狈的生活。

那时，我刚失恋不久，工作也一无是处。每天不是在家里买醉，就是叫上一群狐朋狗友在外面胡吃海喝。

家里被我弄得一团糟，满屋子的瓶瓶罐罐，几个星期不洗的衣服堆满了沙发和洗衣机，床上的被子从来也不叠，垃圾在门口堆满了也想不起来扔。而且，每天上班跟打仗一样拼命往地铁口跑，领带也来不及系。

有一天，旁边的同事突然问我："小梵，你的沙发现在是什么状态？"我没听懂，一脸茫然地望向她。

她继续说："是整齐得一点儿杂物都没有，还是被杂物堆得乱七八糟？"

我仔细回想了一下沙发的状态：几天前被我一屁股坐掉了的沙发罩，久居于角落的电脑包，两条好久没穿的牛仔裤，一包前几天买回来的零食，和一件早上顺手丢在上面的睡裤。如此一想，我的沙发竟然不是一般的乱。

“我刚看到一个现象测试，上面说，你家沙发的状态，体现了你的生活状态。沙发上整整齐齐的，说明你的生活状态很积极向上，而沙发上杂乱无章的，说明你的生活也过得浑浑噩噩。”

听她说完，我觉得确实有些道理。

那段时间我的生活的确乱七八糟，就像那个被堆放得一团糟的沙发一样。

但是从那以后，我开始特别注意生活的细节，就像很多人说的一样，整理你的生活，应该先从你的衣柜、你的房间开始。

当你的生活环境变得干净整洁时，你的整个人自然会焕发出不一样的光彩，一种积极的、向上的正能量。

反之，如果你的生活环境乱七八糟，每天睁开眼就见到一堆破烂杂物，哪还有心思去谈人生，谈理想，追求卓越的高品质生活！

当我逐渐改变那些陋习，生活越来越有品质，工作越来越有起色的时候，我遇到了人生中的另一半。

我们都来自外地的小县城，没家庭，没背景，但我们都有一颗积极向上的心，我们不富有，却肯努力拼搏，精心打造自己的生活。

两年后，我们用自己攒下的钱，在这座大都市按揭了一个 80 多平方米的房子，虽然位置有些偏远，但那是属于我们自己的家，并且我们相信，在不久的将来，我们一定会通过自己的努力，让生活变得更好，让自己活得更精致。

很多时候，是生活状态决定了贫富，而不是贫富决定了生活状态。

精致的生活并不是以金钱为基础的，贫穷也能活得精致，而富足也不一定就能活得不粗糙。

[3]

小时候的玩伴阿琳，八岁的时候父亲在一场意外中去世了。母亲一个人带着她和弟弟生活，日子清苦得很，甚至要靠政府接济。可是他们一家人并没有表现出多么苦大仇深，也并没有因为家境的贫寒，把自己活成了孤儿寡母的惨状。

她母亲是个勤快且心灵手巧的人，家里从来都是窗明几净，明亮利落。别人家的墙上刮大白、贴壁纸，他们家因没钱而弄不起，她母亲就把那种大海报式的日历翻过来，一张一张贴到墙上，看上去毫不逊色于别家。

她家的电视机、洗衣机虽然破旧，却一尘不染，并且都用自己缝制的布罩罩着。

你甚至想不到，那样一个穷困的家中居然还铺着地毯，门口整齐地摆放着拖鞋。

当然，这些也全都出自手工，但你一点儿也不会觉得它们难看，甚至会觉得比市面上买到的更加别出心裁。

就是这么一家人，虽然穷，却把日子过得有声有色，精致无比。

每年春节，她家比谁家都早早地贴上窗花，挂上灯笼。街坊邻里都对这一家人的生活态度无比敬仰，就连去送慰问金的政府工作人员都说，这家人的生活态度，决定了他们不会穷太久。

当时我不太懂，为什么他们会说阿琳家不会穷太久，他们家明明是被县里接济的穷困户啊！很久以后我才明白，因为他们对生活有一种积极的向往。他们虽穷，却尽其所能地把每一件事做到极致。拥有这样生活态度的人，注定了做什么事情都会成功。

果不其然，几年以后，阿琳母亲的煎饼摊成了远近闻名的招牌号，生意红红火火。再后来，阿琳和弟弟都分别考上了重点大学，他们家早已摆脱当年的穷困。

生活啊，一定不能因为窘迫就放任自己自甘堕落。不能因为所处的环境差就破罐子破摔，东西破，你可以自己去修，用自己的双手去改造。总之，你若用心，再不堪的生活也能活出色彩。

你可以暂时贫穷，但一定要心向阳光，从你的房间开始，去改变你的生活状态，摒弃那些粗糙不堪，用心活出自己的色彩。我相信，终有一天，你的生活状态也会跟你的房间一样，井井有条，洒满阳光，精致无比！

▶ 生活的收获是生活，要热气腾腾地活着

人们常常羡慕功成名就、百事百顺的人，认为只有这些得到生活回报的人才会对生活充满感激，充满信心和激情。其实，真正懂得生活，对生活充满爱意的人，是那些对生活没有过多奢求而认认真真生活的人，是那些把生活本身当作幸福的人。

尼采说过："生活的收获是生活。"热爱生活的人，生活也爱他。

我很喜欢别人跟我说："这个真好听!""这个真好看!""这个地方值得你亲自去一趟……"

一位朋友突然在吃饭时大叫一声："老板呢?"把服

务员吓得够呛，以为发生了什么事。朋友激动地站起来说："这碗这么漂亮，哪儿买的，能不能卖给我?"原来她是看上这只碗了，她不过是认同老板的品位而已。老板自然是出现了，淡淡地说："我收集的，我好这一口儿，还有一只，喜欢就送你吧。"

一个热气腾腾的灵魂遇到了另一个热气腾腾的灵魂。

一个有意思的人说："我看到一个喜欢的东西会幸福得直'哼哼'。"当然，值得他"哼哼"的都是一些无足轻重的东西，比如，一本书、一场演出、一个不错的创意……

蒋勋在台湾很有名气，他讲的一段话让我印象很深。他住的房子在淡水河边，但是，开发商似乎对风景没什么感觉，以致窗户开得很小。他做了什么?他请来建筑系的学生，在家里开了 12 扇窗，至此，窗外的风景在室内就能一览无余。此外，还架出了一个小小的阳台。

这个画面我印象很深刻，我也喜欢有很多窗户，喜欢看到窗外的风景。有时，我为了争取一个窗边的位置都要费很多口舌。出外旅行订房时，问的第一句话也是窗外有风景吗？为了房间景观阳台外的风景，晚上居然舍不得睡觉，在阳台上呆坐半小时，结果感冒了……

对风景如此贪恋的人，也算得上有热气腾腾的灵魂吧。人到中年，还有兴奋点，这个兴奋点碰巧还跟金钱没太大关系。

一个爱书的人，提到他某天买到一款蜡烛，很激动地请了几个朋友来家里吃饭，只因为这个蜡烛名字叫“图书馆”。潮湿、油墨味、雨天、木屑……他要分享这“图书馆”的味道。

前不久，友人在国外参加了一个五十四岁男士的毕业音乐会。这个男人小时候的梦想是当一个音乐家，但是由于各种原因，他后来学了飞机修理专业，当了一辈子的高级修理工程师，自称高级工人。五十岁时他光荣退休，接下来干什么？实现梦想啊。他正儿八经地报名去大学音乐系学作曲，跟一群年轻人一起上了四年大学，五十四岁毕业，作词、作曲、演奏，钢琴、小提琴、竖琴样样精通。他邀请亲朋好友来参加他的毕业音乐会，这是一场多么感人的音乐会啊，友人说感受到了一种力量，热气腾腾的力量。人家五十岁才开始呢，倒是很多年轻人认为梦想是空话、白话，也可以说他们根本就没有梦想。

一个来中国旅行的美国大学生说，他很不喜欢一些中国大学生，因为他们很无趣，除了房子、车子不会聊别的。友人说起来很感慨，美国大学是没有年龄限制的，你经常可以看到五十岁的老人与十八岁的年轻人同班学习，互不干扰，互相帮助。他说有一天，他看到自习室里有一位头发花白的老绅士在认真地看书，前前后后坐的都是年轻人，那画面像是一道风景。

国外的年轻人都会有毕业旅行，意在寻找自己的梦想，这个过程父母是可以资助的。他的一个朋友就资助孩子去墨西哥旅行，而他的孩子真的在那里找到了自己的梦想。这个帅气能干的美国小伙儿，在墨西哥租了一段海岸线（那里的海岸线是可以承包的，你可以使用，但有维护的义务），并承包了海岸线后的一片山林，在海边盖了自己的梦想小屋，凭自己的劳动在这里生活下去。他的母亲不但没有反对，反而很高兴：“瞧，他终于实现了他的梦想，他一直梦想拥有一个海边的小木屋，屋里有个长发姑娘。瞧，他热气腾腾地活着，真好。”

友人笑着说：“美国人虽然饮食不健康，但心理很健康，所以，他们的寿命长。”有时热情对生命的影响力超过了饮食对健康的影响。

仔细想想，他的话还真有道理。美国的肥胖者有很多，但他们多是开心的肥胖者，很少有减肥之说。他们聊书，聊旅行，聊运动，他们的生活新鲜简单。你如果只知道聊赚钱，他们会以不屑的目光望着你，言下之意是：“你活得太不热气腾腾了。”

▶ 一日三餐，都要吃好

小时候的记忆大多在吃的东西上，即便在物质贫瘠的年代，因为爸妈的爱与用心，我也从没有感觉到生活辛苦。

我的童年和少年时光里，始终弥漫着爸妈厨房里的饭菜香，奶奶菜篮子里的糕团，外婆做的糯米丸子，姑妈家的下午茶点，还有弄堂里一声声叫卖的“桂花甜酒酿”。

家里的早餐是很丰盛的，粥饭、汤面、小菜，也会自己制作点心，配茶、咖啡，小孩子一定要喝牛奶。

受家庭影响长大后的我也很重视三餐的营养搭配，

荤菜以鱼虾为主，少量鸡肉和牛肉，很少吃猪肉，每餐都有蔬菜，而且吃蔬菜多过米饭。

家里的饭碗都是最小的，要么干脆不吃主食，要么每餐一小碗，再好吃的菜也不会多盛一口饭。

花两个小时认真做好一顿饭，哪怕一个人也用漂亮的碗盘，然后细嚼慢咽。一个人更要好好照顾自己，胃里暖了心才能安，厨房就是家初始的地方。

充满烟火气息的家庭是幸福的，这样的原生家庭培养出的自信度与幸福感，最终会让我们变得非凡。

中学离家较远，需要早出晚归。

爸妈每天比我早起一个小时，做早餐的时候还要把我中午要带的饭菜做好，虽然学校有食堂，但爸妈觉得不如家里做的营养。

冬天的早上，我们家的厨房总是最早亮起灯火，爸妈一起做饭的身影就是我心目中爱情最初的模样。

送我坐上学校的班车后，妈妈先去菜市场买菜，然后再上班，一年四季都早睡早起。菜，早上的总是最新鲜，各种颜色的菜飘着清香，带着露水。

爸妈说过："吃的方面不需要省钱，吃顿好的，你的人生观都会改变。"

人生观就是我们立身处世的一种态度，爸妈用他们的实际行动告诉我："做饭、吃饭里也有情趣与见识，选择什么样的食材，就是在选择什么样的生活方式。"

当你真正走进"吃"这件事，也就真正走进了生活，当你选择了做更好一点儿的人，你想过的有品质的日子也就快来了，这是见识。

会做饭的人都自带光芒，在照顾好自己的同时，如果我们也有能力照顾别人，幸福也就传递开来了，这是情趣。

爸妈从来不要求子女做家务，更没有教过我们做饭，但我们三个长大后都会做一桌子的好饭，耳濡目染得到的东西深入骨髓，并且会一代代传承。

好多年里我坚持做好手边的事，工作就拼尽全力，回家就做好饭菜，和境遇无关，和金钱无关，和女友无关，只和自己有关。

北京这样的城市里，现在拥有全世界最丰富的货架，会吃的人还要懂得什么季节吃什么，八月是云南松茸的季节，九月是苏州鸡头米的时令，十月的大闸蟹母蟹最美，十一月新疆的冰糖心苹果上市，十二月开始订购各地腊味炒菜和煲汤，等等。

只要在网上下单，便捷的物流甚至会在当天送达，保证新鲜美味不流失分毫。

除了美味的诱惑，研究食物的来源也是一种乐趣。采购食材的过程更是一种学习的过程，包括产地、口味、做法和搭配。

为了买到最满意的东西，我了解自己生活的城市中各个超市和菜市场的货品，一些特殊的食材或许要跑到很远的超市才能买到，但我从不会觉得这是在浪费时间，而是在寻找幸福的味道。

一位单身的女性朋友上周去相亲，对方约了午饭，地方是一家京城老馆子。

女性朋友是南方人，也是个会做饭生活讲究的人，我跟她说："他应该不是个注重吃的人，而且固守老习惯，年龄至少五十岁以上了。"

果然，男人年龄比预想中更大，自己选择的饭馆，菜上来的时候却嫌油腻，不想吃。

女性朋友问：“那你平时都喜欢吃些什么？”男人回答：“我这岁数要养生了，吃得清淡，休息的时候用高压锅煮五谷杂粮的粥，放在冰箱里可以吃一个星期。”

女性朋友不解：“每天下班吃剩的冷粥？”男人又说：“我们单位有食堂，可以带食堂做的热粥回去和冰箱里的粥拌在一起吃。”

然后，就是女性朋友长时间的沉默了。我们见面时谈起此事，女性朋友感触道：“吃不到一起去的人是没办法过下去的。”

陌生男女能不能相处下去，吃一顿饭就看出来了，因为吃饭的习惯和对食材的喜好，都透露出一个家庭的教养和层次，饭还没吃完门当户对这件事就已经一清二楚了。

我遇到过说“你这样吃东西就是矫情”的矫情者，说“喜欢我的人就会喜欢我的一切”的胖子，说“女人找个好男人嫁了就什么都有了”的怨妇，说“什么都可以先凑合，我现在要做的事情就是赚钱”的穷人。

不会做饭，吃就是乱吃，用也是凑合，家不像家，工作敷衍，婚姻也可以将就，放纵自己的人生始终是失败的。

现在这个年代，小时候的味道已经很难找寻，食材变得越来越不健康，甚至还会吃出病来。

所以我们更要精挑细选，亲手为自己和家人做汤羹，不吃剩菜剩饭，拒绝街头和货架的垃圾食品，这才是养生的第一步。

女人养颜，吃也是重中之重，吃什么和吃多少，都需要我们去学习和了解。

吃的方面，能省下来的都是以健康为代价的，能花出去的都是本该有的快乐，人生苦短，从嘴里省钱实在是不值得。

每个月去咖啡馆吃一两次早餐，或是去特色餐厅品尝自己做不出的好东西，即便你的人生观不需要改变，也会因为舌尖有了更丰富的味觉层次，心头再次升腾起对生活的希望。

► 生活，就要有张有弛

这两天脑子里总盘旋着蒋勋的一段话，这段话我特别喜欢。

“所有生活的美学旨在抵抗一个字——忙。忙就是心灵死亡，不要再忙了——你就开始有生活美学。”

年底所有人都在抱怨忙和累的时候，我忍不住写出以下内容：

大家都在忙，“忙”仿佛成了“意义”的代名词。如果今天我很闲，而王先生在朋友圈发出了“每天只能睡四个小时，忙到半夜”这种辞藻，那么我貌似就被他远远甩在了身后。

如果别人早起赶飞机，夜晚不休眠，于觥筹交错中识朋友，拓人脉，而我只是在家喝喝茶、看看书，我是不是就堕落了？这是很多人内心的问题。

不知不觉中，丢掉让自己舒服的生活方式，遍地去找另一种生活方式。说实话，我的视野里不乏拼命三郎，我承认这些人的奋斗热情在很多时候为我打了不少免费鸡血，他们不顾一切，目光炯炯，随便一条“状态”就已经是最好的励志鸡汤。

但不好意思，我现在越来越厌烦这种“晒辛苦”的行为了。如果你真的享受加班加点，真的沉醉于定期的发烧头痛打点滴，真的沉浸在“没时间”的优越感中，那我只能说：“你有病。”

大部分正常人的追求，是精神的轻松和快乐吧，至少一定不是如伸着舌头的狗一般疲劳、狼狈。可如果有人日日以忙到狼狈的状态来给自己的粗暴生活涂脂抹粉，是否太不美观？

当代成功学的毒害辐射面太广，其中一条就是，让不少人觉得：“成功的人就是忙碌的人、没时间的人，所以如果我天天忙得焦头烂额，那我也约等于成功的人。”

别自我欺骗了，上述假设还可能约等于——你很蠢，工作效率很低；或者你做的决定多半都是错的，只能不断补救和走弯路。

比起那些天天在喧闹中拼命，像对待陀螺般抽打自己的人，我现在更欣赏那些活得特别有张有弛、游刃有余的人。比如有的朋友会在密集工作一个月之后，倏然飞往欧洲度假一个月；或者推掉好几个表现自己的“小机会”，宅在家好几天不洗脸也不社交。

我有个朋友在央视新闻频道工作，恨不得天天加班，但有一天她在朋友圈晒了一张挺漂亮的油画，说是自己报了个周末油画班去学的，我一下子对她有了新的认识。她和我一样，特别反感刻意交朋友参加看似“高大上”的局，凡是自己不喜欢的人，机会再好也不去。

还有我特别欣赏的朋友杨姗姗，她的生活也有滋有味。她身处模特圈，却从不受浮华习气的影响，从不拼命拢资源，造人气，把自己搞得疲惫不堪。她曾经跟我说：“人可以决定自己看到什么，听到什么，有些东西，我选择不去接触，因为我觉得自己可能会受到不好的影响。”

杨姗姗潜心做自己的服装设计，喜欢复古风就沉浸到底。生活态度是真的随遇而安，非常潇洒淡定，有机会就出去旅行看世界，可小事业照样做得风生水起。前几天发现她把服装新品带去巴黎拍摄了，一边玩一边拍。人家没下功夫吗？可人家没享受生活吗？工作绝对做不完，事业一天比一天大，可是持续扩张真的是一件好事吗？

还记得前年去希腊的时候，导游跟我们讲，说有一帮中国大老板跑到当地一家酒窖，要跟他们谈合作，每年买多少箱酒，结果被酒窖主人给拒绝了。酒窖主人是这么回答这些大老板的：“我们每年只做这么多酒，多了不做，如果太多了，我们就没时间去酒吧，去旅游了。”

不仅如此，酒窖主人还把这群大老板介绍给了毗邻的酒窖主人。这怎么看都不是聪明之举，自己不赚钱也就罢了，还把钱主动送到竞争对手那儿去。

可惜这只是中国人的思维方式。

我希望我们的生活都能是有张有弛的，该忙的时候忙，该休息的时候休息，爱自己，也爱生活。

Three

姑娘，你要活得美一点儿

▶ 亲爱的姑娘，你需要有这些

亲爱的姑娘，我希望你可以活得坚强、独立、美丽而随性，即便有人劝你不要太拼命，也不要全信，钱还是要自己赚；即便有人对你说不打扮也可以，但你还是要打扮，因为你要时刻以最好的面容出现；即便有人对你说梦想遥不可及，你也要心怀梦想，因为梦想会成为你奔跑的力量。是的，姑娘，你就应该这样活。

[姑娘，你需要一双奔跑的高跟鞋]

如今的女人除了要在职场上叱咤风云，还要在家庭里指点乾坤。女人向来是强大的，尤其是能穿着高跟鞋奔跑的女人，则更加强大。

穿着高跟鞋上班，一路赶公交，挤地铁，一不小心，也许还会踩到别人的脚，只能低头连说几声对不起。是的，穿高跟鞋很累，但你要穿，因为穿着高跟鞋的你是自信的。

穿着高跟鞋的你时刻都应该是优雅的，优雅地走路，优雅地捡起掉落的钱包。在公司里，高跟鞋与地面的“咯噔”声越动听，就越代表自信，走在公司的同事面前腿不要弯，他比你高没关系，你可以不看他，除非他弯下腰来和你平视。这就是高跟鞋带来的自信。

穿着高跟鞋，提着长裙，你依然可以健步如飞。一个高跟鞋，足以支撑出强大的气场，让你看起来神采飞扬。

姑娘，你需要有一双高跟鞋，必要时，穿着它去奔跑，虽然可能很累，但你的美丽却留下了痕迹。

[姑娘，你需要一套精致的化妆品]

很喜欢这样一句话：“你又不是景泰蓝，不会随着时间的沉淀而变得大放光彩，也不会随着时间的沉淀而变得值钱。”

大学同学雪儿是一个不喜欢打扮的姑娘，她每天都素颜朝天，脸上只擦一层最简单的护肤霜。冬天的时候脸色就像红气球，和其他妆容精致的姑娘走在一起，明显就是女汉子和女神的对比。

当时的雪儿可是我们几个男同学的主要谈资，有男同学对雪儿说：“你也买一套化妆品吧，打扮一下自己。”

但雪儿说：“化妆很麻烦的，BB 霜、粉底、眼线、睫毛膏，等等，简直就是浪费时间，本来就感觉睡眠不足，还要每天早上分出时间来在脸上折腾半天，不合算。”

相较于雪儿的懒，她的室友箬儿可十分勤快，每天来上课都是妆容精致，看起来十分有精神。

雪儿大学毕业后，在工作单位遇到很多漂亮的姑娘，她们经常腻在一起探讨美妆，或者有什么时尚尖货，周末会约好一起去逛街。雪儿想融入她们的圈子，但怎么也找不到共同话题，站在她们中间她感到很尴尬。后来雪儿就变成了独来独往，一个人去逛街，一个人坐在电脑旁和陌生人搭讪，聊着不着边际的话题。

可那时，雪儿还不觉得化妆有什么必要，直到遇到了自己的男神，她看到男神身边都是美女，化着漂亮的妆容，穿着衬托身材的衣服，那么迷人，那么闪亮，而她就像一个灰姑娘。

最后，雪儿终于买了一套化妆品，包括假睫毛、眉笔、口红、BB 霜等，每天下班后，就照着镜子描画，刚开始她还以为眉笔就是铅笔，眼睫毛是自己剪出来的，现在雪儿回想起这段往事还觉得搞笑。

现在的雪儿每天出门都会化一副美美的妆容，走在路上总有人和她对视，最后害羞转头的永远是对方。

化了妆的雪儿，也变得更自信了，和公司的美女们打成了一片，和喜欢的男神勇敢地表了白。雪儿的自信也让她的工作更加出色，面对客户她是美丽而大方的，是值得信赖的。

是的，如今的雪儿已经不是我大学时认识的雪儿了，她的改变是从内而外的，一个精致的妆容，不仅提亮了她的气色，也鼓舞了她的心。从雪儿打算开始化妆让自己变美的那天起，她就开启了另一种生活方式。

事实上，一个女人化妆，化的不仅仅是容貌，还有内心。女人从下功夫让自己变美开始，同时也会意识到下功夫来让自己各方面变得更好，譬如气质、修养和才学。所以说，一个精致的妆容，是女人开始成功的第一步。

[姑娘，你需要一个铿锵有力的梦想]

梦想有很多，如果罗列出来那就是大千世界。

好友橙姑娘说：“我的梦想就是嫁一个好老公。”

嗯，挺实在。

可我要说，那并不是梦想，梦想是用来梦的，能鞭策你不断前行，能赐给你正能量，而且和别人说起来自信满满，好像不久就要实现的样子，那才是梦想。

而嫁一个好老公只会让你颓废，你会觉得，反正现在事业不顺心，生活不努力，将来嫁个好老公就行了。所有的缺憾都能弥补，所有现在买不起的东西，将来都能买得起。

作为一个姑娘，你的梦想必须有力量，在众人面前说起来坚定不移，让人点头觉得，嗯，挺适合你。

闹姑娘也有一个梦想，她想环游世界。

听起来怎么样，好！其实背地里嘘声一片。

夏姑娘就“怼”她说：“闹闹，这什么梦想啊，你以为环游世界就像打开一张地图一样简单，拿起笔在纸上写写画画就能实现？”

闹姑娘真的拿起了笔，在一平方米的世界地图上画了几个城市——纽约、旧金山、新西兰、大阪、香港、曼谷、威尼斯。

闹姑娘说：“路线已经有了，每个地方都有我想看的风景，每个地方都有我憧憬的信仰。”

闹姑娘指向旧金山，渔人码头，那里有美味的海鲜！

手指滑向新西兰，霍比特小镇，我总想看看《魔戒》的光环！

威尼斯水城，小学时就向往的城市……

闹姑娘说起来总是没完没了，身边的人都认为那不可能实现，那时候闹姑娘刚高中毕业。

选专业的时候，她瞒着父母报了旅游专业，大学里，将图书馆所有旅游指南全部看完，参加了学校里的旅行社，经常随队员一起去各地走走。

大学毕业后，闹姑娘在一家旅行社上班，刚开始做导游，不过都是附近的一些景点，最远的都不过喜马拉雅山。

不过闹姑娘从未放弃过当初的梦想。

公司后来开辟国际旅游路线，闹姑娘主动请缨，自愿第一个去开辟路线，一个人提着行李箱就踏上了陌生的国度。

当她第一次坐在渔人码头的海岸上，看着船来船往，她说："我爱死了这一刻。"

后来闹姑娘担任了公司的私人旅游顾问，经常去世界各地旅游，不仅免费，还有高额收入。

直到去年年底，闹姑娘将当初在世界地图上标下的地方全部走完，她在朋友圈晒出了一份旅游合集，是她与世界各地合影的照片，她说："我爱死了这一刻！"

后来，她又在地图上标了一些更美的地方，她说：

“这是我的梦想。”

其实，梦想总会让人想起来精神振奋，然后充满正能量，不仅鼓舞自己，还能鼓舞别人。

姑娘，你需要一个铿锵有力的梦想，来鼓舞你无所畏惧地向前，也唯有梦想永不会褪色，只要你心中依然有梦，就可以披荆斩棘，勇敢去追。

亲爱的姑娘，我所说的，你需要有的这一切，不是我或者任何人对你的强加要求，而是我希望你能对自己负责。命运将所有的美都给了你，所以要对得起美丽的自己。

▶ 女人，要舍得投资自己

出来工作一段时间不难发现，职场里的一些人并没有因为工作年限的增长而获得更好的机会，更别说出任CEO，迎娶白富美，从此登上人生的巅峰。

还有一些人，一个经验反复用、年年用，表面看很资深，实则已是瓶颈，如果没有办法突破，到了一定年龄，晋升之路只会是“长江后浪推前浪，前浪死在沙滩上”。

有人也许会说，作为女孩子，不需要太拼，找一份钱多事少离家近的工作，再找一个疼她爱她的老公，那日子多幸福，女生不就该这么温润如玉吗？

你确定温润如玉是这么用的吗？

那且听我讲身边一朋友的故事：

小Y是我大学时代在大雨中等车时认识的一位开朗姑娘，小我一届，从千里迢迢的北方独自来到南方找儿时的闺密。至今我和她一直保持联系，其实在我眼里，她是一个很特别的姑娘：

为了能得到交换生的名额，英文一般的她日日苦练英语，把词汇表从食堂背到宿舍再背到床上，因不吃饭、不睡觉地学习导致生了病，依然打着点滴坚持学。

出国后因为好吃的食物而没管住嘴，况且外国的食物热量又很高，从此小腹突出变成了土肥圆，她痛下决心只吃粗粮和蔬果，坚持运动而累得不行。

回国后，因为热爱古文篆体，她报名去学，坚持练字。

因为热爱西班牙语，她去旁听，去下载口语对话练习，尝试看西班牙原著书……

她似乎是一个朝三暮四的疯女子，永远有这么多的想法和精力，她在国外能感受到浓厚的外国文化和氛围，趁着游学机会去了十几个国家，见识了不同的风景和人，能操着一口令众人羡慕的美式口音讲英文。

她因为健身有了马甲线，穿着欧美风格的大衣和牛仔裤在各大景点留下她的足迹与倩影。

因为练字出众，经常和书法协会去做活动，搞慈善。

因为能说英文和西班牙语，偶尔还能兼职当翻译。

更令人羡慕的是，她还用兼职赚的钱经常去旅游。

我问她，为什么你总有这么多时间，这么多精力，能做出这么多精彩的事。她说："我只是在投资自己，女生的青春只有这么十几年，趁着这段美好的时光，做自己爱做的事。"

多么聪慧的女子，正因为她能有这样的投资眼光，她才能得以快速地成长，不断地增长见识与阅历。

要变成你想要的模样，你就必须下本钱去投资打造自己。

1. 你的目光越长远，你的投资回收期就越长。

有的人要减肥，就拼命节食，落得狂掉头发一身病痛，空有一副松弛的皮囊，殊不知只有坚持运动和健身才是最没有副作用的好方法。

有的人想学好英语，疯狂背词背题做试卷，然后考过了四级，考过了六级，考过了 BEC，但出国仍然操着一口蹩脚的英文，殊不知学好英语的诀窍在于多听、多说。

有的人想要写得一手好文案，想要做出精美的设计，于是发愤图强列出一二三四条宏大的目标和蓝图，但却三天打鱼两天晒网，最后依旧能力平平。

每个人都有自己的小梦想，但是仅看到要有收益，急功近利，计划一大堆，什么都急最后什么都不急，这样的投资是失败的。长远的投资必须是坚信自己在过程中无论遇到任何困难都能坚持下来，那么你的投资将会给你长远的，甚至是一辈子的回报。

2. 投资自己，你要舍得，不仅仅是金钱，还有时间和精力。

之前，看到一个售房的朋友写了一个销售文案：

第一年首付的钱是挤出来的，第二年月供的钱是省出来的，第三年你开始收租金了，第四年你已经习惯再买几套房了……多年以后你会发现：身边的朋友没买房的，钱也不知道哪儿去了！而那些买了房的，也没多耽误生活，家里也没少点儿啥，最终却积累了一大笔财富和多了几套固定资产。

这文案肯定是北大文学系研究生写的，看得穷困潦倒的我都想去银行贷款买房了。

投资财富如此，其实投资自己何尝不是。

你月薪三千，觉得工作辛苦，下班了就只知道去唱唱歌，逛逛街，和恋人唠唠嗑以及与朋友吐吐槽，然而，却有人舍得花一万多元去学习化妆，最后成了知名的美妆博主。

你觉得你没有时间，可有的人做着一份别人一天都应付不来的工作，还能坚持日更写文章，创办了个人品牌，得到了天使轮的投资。

这都是真人真事啊！大神那么多，都是因为他们愿意投资自己，毕竟，那句“未来的你一定会感谢现在如此拼命的自己”这一碗浓鸡汤，他们一定喝了不少吧。

3. 只要你愿意，你想要的一切，都会有的。

有的朋友问我：“梵，我想学烘焙，可是现在身边好多人都很厉害了，我现在去学迟不迟？”

“那就去学啊，只要你愿意。”我说。

“可是我还差一个搅拌机，还差模具，关键是我还不会，我想学好了开一家烘焙店。”

“你可以一步步做起，先烘个简单的蛋糕，成功了再学习一些难的，关键你有没有走出第一步？”如果你是完美主义者，没有准备齐全就不去做，那么你学烘焙只是一个想法，你开烘焙店也只是一个想法，连你的梦想都只是一个想法。

种一棵树，最好的时机是十年前，其次是现在。我相信，投资自己，如果还没有开始，那么现在开始，一点儿也不迟。不然，三十岁的你觉得学烘焙很迟，那么三十五岁的你那时一定会质问三十岁的你干吗去了；三十五岁的时候你觉得学烘焙很迟，那么四十岁的你那时也一定会质问三十五岁的你干吗去了。

只要你愿意，何时行动都不晚，坚持下去，生活将会向你期望的方向前进。

▶ 老是肉体的年龄，美是心灵的丰满

女友说，她从小就是一个爱美的姑娘，伯母也总说：“也不知道她像谁？”

伯母是一个常年素面朝天的女人，她说她一辈子都没用过口红，唯一的化妆品就是一罐雪花膏，早晨用手挖一点儿放在手心搓一搓，然后往脸上一擦就完了。

但女友早早就对臭美这件事无师自通，从小闹着要漂亮衣服，拒绝穿戴自己觉得不好看的服饰，还总是创造性地进行搭配。

女友人生的第一件化妆品是她十七岁那年小姨给她的变色口红，其实现在想来小姨未必想送给她，估计是

受不了女友那羡慕的小眼神，而且据说女友总亦步亦趋地跟着她：“小姨你的口红真好看。”所以，小姨只好顺水推舟：“要不，送给你了？”

女友二十岁时，她攒钱买了人生中第一盒眼影，膏状的，棕色，她抹在眼皮上，由于技术拙劣，十分难看。伯母看见了，逗她说：“你眼睛怎么被人打青了？”

爱美，对女友来说就是这么一件很艰难的事情，没有人教她，最后只能从影视剧中去学习。

女友在一篇写赵雅芝的文章中读过：“20 世纪 80 年代初期，在这个还很单调、枯燥的年代中，女性的柔情也遭受了前所未有的抑制，我们的母亲都是能干的、泼辣的，但同时也是粗鲁的、高声大气的，是很不像女人的女人。没有教会我们如何做女人，没有人告诉我们女人应该是什么样的，我们看到了她，就像看到了一个遥远的世界中的美，那种美是叫我们心碎却又在梦中所期待的。她开启了一种可能，唤醒了我们沉睡的柔情，她就是我们心目中完美的女性形象代表。”

年轻时的女友对自己特别苛刻，她始终控制体重，稍微添了点儿分量就要节食几天，直到体重恢复。她睡觉的时候也穿着束身衣，腰围常年维持在一尺七寸，标准的杨柳细腰。

她爱买新衣服，每天化妆，就算是下楼买个菜，也做不到素颜“裸奔”。即使是感冒了，她也要化好妆才会躺下休息，她说她希望自己在任何时候看起来都是好看的。

她说她这叫爱自己，她要穿得时尚，始终走在时代前端。她说她不想像她妈妈那样，节衣缩食，相夫教子，老式女人的一生是多么的可悲。

年轻女子特别迷信美丽是征服世界的通行证，女友曾经也不能免俗。她上班第一天，看到有位大姐穿着超短裙，有点儿胖，显出了肚子，她心里就有些嫌弃：“天啊，这么难看还穿短裙，多不好意思啊？”就和现在网上有姑娘吐槽中年女人怎么还穿大嘴猴是一样的心态。

二十岁时的女友，认为二十五岁是一个年代的界限，女人过了这个年龄，就会开始走下坡路。

她还诚恳地对她的闺蜜说：“我们现在就要多多地打

扮自己，要不到了二十五岁之后，人都老了，穿什么都不好看了。”

但女友现在想明白了，她那时有多荒唐。她想她之所以执着于二十五岁，大概是因为在曾经那个时代，二十五岁是法定的晚婚年龄，所以她潜意识中认为，女人一旦结婚，就开始进入柴米油盐的现实生活，老了，俗了，没有盼头了。

她以为自己活出了自我的价值，但回头看，所谓的爱美，所谓的要爱自己，以及对容貌、体重、品位的执着，其实只是她不够自信的遮羞布。

那时的她内心总是很忐忑，别人夸她一句好看，她就美滋滋好长时间，别人说她哪件衣服不好看，她恨不得翘班回家去换掉，她总是在意别人的看法，任何外界的负面评价，以及对变老的恐惧，始终都如沉沉的大石，压在她心上。

直到三十岁之后，女友才真正意识到自己不再年轻了，在经历了彻底的失落之后，她反而有了一种新的认识。肤浅的、浮躁的、片面的观念如水面上的浮渣，逐渐沉淀，她开始重新去认识美这件事。

八十七岁的美国田纳西州老太太海伦·温克尔是一个最普通的美国老人，在她的身上，岁月的痕迹一览无遗，身上的肉松松垮垮的，赘肉占领所有曲线，斑点和皱巴巴的皮肤覆盖了全身。

她没有和时间进行无谓的抗争，她只是坦然且勇敢地大刀阔斧地打扮自己，什么豹纹、比基尼、粉红 T、短裙、亮片，各种潮服全都来之不拒，她佩戴各种夸张的首饰，化哥特妆，涂烈焰红唇。

在很多人眼中，那个经常穿得花里胡哨的老太太根本不符合传统美学的标准，也没有按照时尚的通常观点，“在什么年龄要穿什么样的衣服”，她甚至看起来不够“庄重”，且和优雅、品位这些词毫无关系。

但她的存在开启了生命的另外一种可能，原来在走入暮年的时候，一个人依然可以有热情有活力也去改变自己，装扮自己。

海伦曾经也是一个中规中矩的女人，过了大半生老老实实的日子，几年前，丈夫和儿子相继去世，她感觉自己宛如风中残烛，了无生趣。

后来一次偶然的机会，她尝试穿自己孙女的衣服，来改善自己的心情，结果孙女把照片 Po 上了 Instagram 网站，不仅震动了时尚界，而且帮助她度过了悲痛，发现了一个全新的自己，一个重新诠释美、定义美的女人。

虽然时间在不断地拿走她所珍惜的一切：丈夫、孩子、健康，可是她依然可以用每天都塑造一个新的自己来与之对抗。她说：“我并不觉得老，我从没感觉自己老了。我觉得你想穿什么就应该穿什么。”

美国著名时装摄影师提姆·沃克厌倦了总是拍摄年轻的模特，他的作品《老奶奶字母表》，就是以一群八九十岁的老奶奶为主角，把摄像机对准了这些穿着麻花羊毛衫和舒服的平底鞋、提着鳄鱼皮包、戴着古怪帽子的老年人，拍下了她们经历了漫长的时间旅行之后的那份从容和淡定，那是年轻的模特无法诠释出来的迷人之处。

提姆·沃克认为：“老年人的美丽和优雅需要被充分赞扬起来，这是对只拍摄特定年龄的女孩的坚决抵制。”

现在爱美的女人很多，但很多人说来说去，说的还是年轻，还是关于美的各种标准——身高、体重、肌肤，并不是美丽本身。

一个老太太，穿着不是适合自己年龄段的衣服，太艳了、太瘦了、太不协调了，但她兴高采烈、喜气洋洋，那是不是美？

有些女人缺乏时尚意识，不懂色彩搭配，文着小爬虫一样的眉毛，戴着廉价的玻璃珠子，但她们相信这些精心打扮的结果，对自己有着“蜜汁”自信，那算不算她们拥有了美？

没有能力换新衣服的农村姑娘，每天在农田里摘一朵野花放在耳边，那是不是对美的不放弃？

杨绛衣着朴素，不施脂粉，她美不美？

只有摆脱那些生硬的审美标准——“好女不过百”“胸大不好看”“过了四十岁就成黄脸婆了”“A4 腰最美”“没有马甲线不是美女”，一个人才能在任何时候都享受自己所拥有的一切。

胖有胖的美，瘦有瘦的俏。

个高的挺拔，个矮的小巧。

圆脸的可爱，长脸的秀气。

眼睛大的有神，眼睛小的妩媚。

年轻的蓬勃，年老的洒脱。

都美，都好看，老是肉体的年龄，美是心灵的丰满。

年轻的时候，女人都对年华老去有恐惧感。那是女人千百年来共同的哀愁：一旦自己变老变丑，还会被人喜欢吗？

但可怕的从来都不是年龄，不是衰老，而是我们困顿了、迟疑了、固执了，放弃了成长，不再相信自己依旧是可爱的。

现在的女友，胖了，腰也粗了，脸也不再紧致细嫩。可是她却不再惊慌，也没有拼命地和那几斤多余的赘肉进行决斗。她一切随缘，减不掉分量就靠衣服遮蔽，在真瘦和显瘦之间她并不介意向后者投靠。

女友还是爱美，会化精致的妆，但也无惧素颜，可以素面朝天地去逛街，买菜，和朋友聚会。在我眼里，她比以前更美了，因为她的心美了。

某天，和一位女同事一起出差，她说：“我得抓紧打扮了，一到四十岁，女人怎么打扮都不会好看了。”

我说：“真的不用太在意，美和年龄的关系其实更在于你怎么看，四十岁的你，依旧可以做一个美丽的中年妇女，除非，你非要相信只有年轻才是美。”

是的，我们所有人，都有一样的命运，站在时光的传送带上，年轻的容颜都终将老去。但在未来，我们所拥有的，是美的另外一种形式，美丽将紧紧跟随每一个自信的灵魂，从生到死，不离不弃。

美，归根结底是与自己有关的事情，美是对自己的全盘接纳和精心呵护，是一种自信丰满的精神状态。

▶ 你可以活得“贵”一点儿

我的大学同学研昭是一个很固执的女生，当时我很不理解她的固执，但现在我懂了。

研昭看中了一件米色山羊绒毛衣，对于还是学生的我们来说，价格不菲。其他女同学都买一些价格便宜的衣服，但研昭偏不，我不解，但她说：“喜欢的为什么不要？”

研昭把生活费省下来，还去校刊打工，四个月后，她终于得到了梦想的米色山羊绒毛衣，她穿着它骄傲得像白天鹅。我知道研昭并不是一个平庸的女孩儿，也不是一个物质女孩儿，她不穿地摊货，是因为她觉得穿衣服也要讲究品位。

工作后，研昭还是坚持着自己的品位。她努力工作，不随便买东西，但只要买，绝对是好东西。上班第一年，她很迷恋步入老年的赫本穿圣罗兰风衣的迷人身姿，决定买上一件。风衣比较实用，可以穿三季，很符合她的气质。

不过，那时的研昭刚工作半年，除掉租房的开销，没多少余钱，但也正是内心对风衣的渴望，让她有了努力工作的动力。工作之余，她接了一个翻译的活儿，其实她法语还不错，不过翻译是个苦活儿，熬夜加了一个月班，她的圣罗兰风衣才买到手。

研昭穿着圣罗兰风衣走在大街上，神采奕奕，她说她感觉自己变成了一个超级金领，浑身充满了自信和光芒。在研昭看来，女人就要有自己的品位。她买大牌，拒绝地摊货，不是她虚荣，而是她觉得有设计、有质感的衣服能衬托人的气质，能增强女人的自信。

研昭还是一个喜欢旅行的女人，上次见她，听说她正计划着去希腊。是的，旅行的花费并不少，但研昭并不吝惜钱。在她看来，舍得花钱，才能努力挣钱。一年一次的旅行，研昭已经坚持了五年，算下来，她已经花费了好几万。

因为努力追求着生活的高品质，研昭在工作上一直保持着紧张感。她日日精进着自己的外语，除了翻译工作，研昭还在一家培训机构做兼职，为了上好周末的培训课，她无数次在镜子前练习表情，练习发音。

研昭对待工作的态度是其他同龄女孩不能比的，因为她时刻都知道自己想要什么，所以一刻都不敢停息。仅仅用了七年，她就坐上了总监的宝座。她敢接任何CASE，因为越有挑战，她越有动力。她签下了一套风景别致的小房子，虽然只付得起首付，但她从不担心以后的生活，因为她相信自己的能力。

研昭就是这样一个固执的人，固执得一定要最好的，大牌的服饰、大牌的包包、大牌的化妆品。或许，对于有些人来说，这些都是虚荣，但对于研昭来说，这些却是动力，因为它们能让她变得更好。

无论何时见研昭，她都是精致的，浑身散发着自信的光，无论走到哪里，都是一道风景。我欣赏研昭这样的女子，因为她懂得要让自己活得“贵”一点儿。所以说，没有廉价的人生，只有廉价的态度。

▶ 有魅力的女人，怎样都美

大二的时候，我第一次出国去参加一个国际学生论坛。

当时论坛的组委会成员全部是来自哈佛的本科生，中国学生耳熟能详的“哈佛女孩”刘亦婷也在其内。但让我印象最深的却是那届主席，一个叫 Jenny 的小个子华裔女孩儿。她皮肤黑黑的，丹凤眼，其貌不扬，总穿一身得体的黑色西服套裙，喜欢内搭鲜红色的衬衣或小衫。

她既没有大部分美国年轻人那种疯疯癫癫的张扬样子，也没有那种在美国待久了的华人那股自命不凡的样子。

台上台下，她永远都笑眯眯的，既行动迅速，又谦和有礼。

开幕典礼上出了一点儿意外，新加坡的前总统上台致欢迎辞，然后从 Jenny 手中接过了荣誉奖牌，转身就要下场。他刚走两步，只见 Jenny 紧赶了几步，轻轻扶住他的奖牌，脸上依然保持着亲切的微笑，然后顺势朝台下等待的媒体做了个“请”的动作。

前总统立刻会意，停下来转身，两人心照不宣地各执奖牌一端，向台下众人展露无懈可击的笑容，闪光灯悉数亮起。那一刻 Jenny 处变不惊的大将风度和魅力冠压全场，达到了峰值。也让我第一次体会到，一个女孩子的魅力并不是非要靠外貌来获得的。

后来我去美国一个夏令营打工。营里都是美国中产阶级家庭的孩子，而老师们则一半来自中国，一半来自美国。夏令营快结束的时候有个传统，学生们要选出自己心目中的“男神”老师和“女神”老师。

“男神”头衔毫无意外地被一个又帅又阳光的美国小伙子夺走，而“女神”统计票数的结果令人大跌眼镜。

不是那位个子高挑、头发黑直的美女中文老师，而是孩子们的教导主任，一位妈妈级的年逾四十的女老师。她齐耳短发，为人爽朗，运动细胞极其发达。

“你为什么选她呀？”我随口问一个吹着口哨欢呼的男孩儿。

“因为她超有意思！超有魅力！”男孩儿回答。

以前流行过一部经典韩剧叫《家门的荣光》，刚传到国内的时候，很多人在网上评论说丹雅是他们心目中的“女神”，于是我理所当然地认为丹雅一定是位超级美女。结果真看此剧的时候，特别失望。啊？女神就长这样啊！眼睛不够大，脸太长，气质太阴郁，简直不能理解她有什么魅力，也没有兴趣再往下看。

后来过了几年再找出来看，还是觉得女主角不算美女，但她自始至终具有超强的存在感，她的优雅、她的涵养、她的成熟、她的淡泊。看过一两集后，视线就不由自主地会被她的一颦一笑所牵动，为她的魅力所折服。

如果以时间为轴，女生的相貌其实是一条正态分布的曲线，在二十岁出头的年纪达到巅峰，然后一路衰减，但魅力曲线却有着更多的不确定性，可能有的人的魅力曲线是和相貌曲线一致，有的人却会随着年龄增长而陡然升高。

那些并不漂亮却被公认很有魅力的女性，首先是些很有生命力的女性。“生命力”这个东西，有时候反而年龄越大越占优势。

如果一个小姑娘招人喜欢，我们会说她漂亮，如果不漂亮，会说她可爱、清纯、活力四射，但很少会用到“魅力”这种大头衔。因为，那种由内而外发散出来的气场、活力，那种生命的宽广和厚度，是需要时间和阅历来累积的。

现在回想，美国夏令营里那位妈妈级的“女神”就是这种魅力型人物。

因为坚持锻炼，她的身材非常矫健，充满活力。每当营地里划分红方、蓝方进行皮划艇、竞走项目的时候，她带的队总能赢得比赛。虽然管理教学和住宿纪律的时候，她严肃认真、一丝不苟，但平时和孩子们在一起时，该笑的时候她就哈哈大笑，学生们有烦恼需要倾诉的时候，她就认真聆听，从不会因为一个学生抽烟或者给她惹过麻烦，就给他们贴标签或区别对待。

当我和她初次相处的时候，也生出一种“虽然刚认识不久，但这个人可以信赖”的感觉。

其次，一个有魅力的女性是独立自信的。

许多人对“独立”一词有所误解，觉得独立就是必须独身，或者不能求助于人。这里的独立是指那些从未放弃过“独立思考”的女性，比如我身边许多“90后”和“00后”都会觉得刘瑜“很有魅力”。这是个很有趣的现象，按说他们大都不知道刘瑜长什么样子，刘瑜走的是偏学院派的写作道路，却以独特的思考，深入浅出的辨析深深折服了一群素未谋面的年轻人。

我自己在浏览别人的公众号文章时，经常被一众家庭主妇写手们的文章“迷倒”。看到她们能把平凡小事也写得妙趣横生，或把琐碎家务打理得井井有条时，就会觉得对方的智慧和魅力隔着手机屏都能源源不断地散发出来。

还有一种女性，她们看上去非常普通，实际也是一些普通人，她们说不出大道理，也谈不上多么有深度，但相处起来让你既温暖又舒服，这也是一种自然流露的魅力。不是那种刻意经营、反复雕琢的美，而是过往一切教育、生活、人生阅历沉淀下来后，女性光辉的自然流露。

美丽尚有迹可循，魅力却往往是一种更加主观的感觉。

比起外在的美，有魅力的人更像拥有一个强大充盈的内核，能量和气韵会由内而外、自然而然地流动。美丽的人容易孤芳自赏，而有魅力的人则会让身边的人都感到温暖与快乐。

▶ 爱自己就一定要花钱吗

周末我和女友逛街，女友看到一只精巧的流苏挎包，十分中意，在镜子面前摆弄了好一会儿，但最后还是没买，我不解，劝她："买呗，女人要会爱自己。"

但女友说："不买是因为不合适，而不是不爱自己。这个包实在太小，伞在人在的我，连伞都装不下的包对我根本没用。"

现在的女性，是真的很累，要上得厅堂、下得厨房，要上班工作、下班带孩子，要情场不输人、职场不输阵。同时，女人的钱也最好赚，一瓶水占九成以上的化妆水能卖好几百，一瓶限量版的香水能卖好几千，一只好看的名牌包包能卖好几万。花钱的确是非常直接实际的爱自己方式，可是，钱真的能替你好好爱自己吗？

[爱自己和花钱是画不上“=”的，甚至连“≈”都谈不上]

女友认识一个90年的妹子，月入三千元不到，却用着希思黎全能乳液，她总说女人要对得起自己这张脸。女友很好奇，一个收入不高、家境普通的女孩儿是怎么负担得起那么贵的护肤品的呢？

前几天她生病，女友去她家送药，这时算是知道她怎么买得起希思黎了——她每月房租不到五百块！住的房子老旧，光线黑暗，杂物遍陈，与另一个女孩儿同住一个房间，两人作息时间不一致导致她睡眠不好。屋里不能做饭，她每天吃饭都将就。

女友说，看着她的生活环境，她就心酸。如果她不用希思黎，而选择一款和她的经济能力相匹配的护肤品，那么她就能吃住好一点儿。

多数姑娘或多或少会过一段苦日子，拿着和付出不成正比的报酬，怀着与现实不相匹配的欲望，在消费能力内，买点儿好货鼓舞下低落的士气，犒赏下拼搏后的自己，抚慰下失恋失意的情绪，没有什么不好。

可是为了一时爽快，不惜拆东墙补西墙，牺牲健康为脸蛋儿，拿几张信用卡互相进行“爱的供养”，不会理财只会拿着青春赌明天，这样的日子是可持续的吗？确定不会被水涨船高的消费欲挟持自己去做身不由己的事吗？

更可怕的是，有人会被买大牌、掷千金的习惯所驯服，遭遇挫折首先不是去解决问题、自我剖析，而是用最简单粗暴的方式讨好自己。和男友吵架，不去分析深层原因，买个名牌包就搪塞过去；被领导训了一顿，不去反省自己的过失，买瓶精华让自己忘掉一切。别人吃一堑长一智换来成长，你是跌一跤买一物积累错误。

我的一个大学同学，她大一时父亲死于一场意外，责任方赔偿了六十多万。从此以后，她三观重塑，觉得务必把每一天都当作生命的最后一天来过，千万不能让意外比明天捷足先登。

在校期间，她出手阔绰，开碗即食的燕窝，拎包就走的旅行，新款上市的产品她眼睛不眨就买单了。毕业找工作期间，在我们都蜗居省钱时，她一个人在市中心租下公寓，办了高端会所的健身卡，不疾不徐地投简历找工作。

今年年初，我俩相聚，相谈之间得知，她把那笔不少的赔偿款基本用完了，边唏嘘边后悔。

不必为经典的广告、高级的忽悠而支付过多的溢价价值，商人的洗脑、情怀的绑架不能定义你爱自己的方式。别只顾取悦当下的自己，不给将来的自己留条活路。

[爱自己的内涵和外延都很丰富]

作为一名经验主义者，身边真正疼爱自己的女生们一个都逃不出我的法眼，她们有些共同的特征，比如能照顾好自己，会自娱自乐，自我治愈力强，没那么物化，相对独立。

我定向观察且咨询我们公司一位大美女好几年了，她几乎很少暗示自己需要爱自己，因为自我宠爱早已融入血液里了。她的很多经验也被我“偷师”过来，决定传授给女友：

冲完厕所后，条件反射般地做几个深蹲。睡觉前，手机放在客厅不打扰睡眠。

工作忙得手脚并用、大脑飞转时，眼睛微闭稍作休息，或者用眼神按着笔画顺序写“采”字。

想到今天加班没时间运动，就放弃电梯，动作夸张地爬到 19 楼；就算乘电梯，自己也不动声色地夹紧臀部，优化线条。

买东西看重质量，衣物的亲肤性、保养品的安全性远比 Logo 重要太多。

她也很爱购物，但买东西很少失手。她在上海学服装设计时，老师让她们去各大商场，只准厚着脸皮试穿，不准冲动买下，了解自己的风格，懂得扬长避短地搭配，避免总是“失心疯”花错钱。

平日里下足功夫，为改善自己的健康、心情和身材做一份踏实可靠的投入，这样才叫爱自己嘛！

而那些中午不遮阳，专柜前吵着要买瓶奢华修护面霜疼爱自己；没有运动习惯，BUG 遍布的身材只能诉诸立体剪裁的昂贵衣服；三餐胡乱吃，以为从澳洲代购几瓶爆款的保健品就能化险为夷；平时好吃懒动、大大咧咧，买大牌刷卡时想起要爱自己了？

爱情中缺乏独立人格、整天郁郁寡欢、没兴趣没自我的姑娘，甭管爱自己的门槛有多低，她都进不来。

舒缓神经的方法，不只是温泉、按摩加SPA，照着布克奖、诺贝尔文学奖的提名书单阅读一番效果超棒；缓解压力的途径，不单是剁手、血拼、买包包，如果约上三两好友到公园赏花赏月赏秋香也能让烦恼隐身。

开源节流积攒下的安全感，规律健康的生活习惯，稳定乐观的心绪思虑，都比单纯花钱走心得多，有用得多。

我特别喜爱卓别林的《当我开始爱自己》中的一个小节：

当我开始真正爱自己

我不再牺牲自己的自由时间

不再去勾画什么宏伟的明天

今天我只做有趣和快乐的事

做自己热爱

让心欢喜的事

用我的方式

以我的韵律

在我眼中，最好的生活就是以前和未来两不误。对以前来讲，现在是以前的未来，是心心念念的“总有一天”，现在穷酸困苦，我辜负了过去的努力和付出；而对未来而言，现在是未来的以前，是日思夜想的“到那一天”，现在挥霍无度，是我在透支未来的美好和憧憬。

爱自己，永远是正在进行时，正如加缪说的，对未来的真正慷慨，是把一切都献给现在。

Four

你就是你，何必“千篇一律”

▶ 迎合别人，别人也未必喜欢你

以前，我看过一篇文章，作者在里面讲了她在法国留学时候的一件事情。

当时，她去买裤子，走进一家店，拿起一条裤子怯生生地问店员："可以试穿吗？"

店员态度相当轻蔑，说："可以。"

她试穿后发现不合身，便又去拿了大一号的，再次询问可不可以试穿，店员此时已经非常不耐烦了："可以！"

结果仍然不合身。

当她再次拿起大一号的裤子想要试穿时，店员却直接拿走了它，并指着她说："你不可以再试穿了！"

她当时全身冷汗直冒只想钻进地缝，为掩饰窘迫只得买了一条十分昂贵的项链，由此导致的结果是，之后的一个月她只能啃干面包。

其实，发生在法国留学生身上的事，也在我身上发生过。

当年，我还很稚嫩，跑到隔壁寝室借水壶。我很乐观地以为，大家都是热心肠的好同学，帮个忙不过是小CASE。我忘了平时几乎没和他们交谈过，哪来深厚的同学情谊？

我推开他们寝室的门，所有人立刻都戒备地望着我，我突然不知所措了，一下子紧张得不得了，说话的声音变得又细又小：“可以借一下你们的水壶吗？”

没有人理我，他们都诧异地看着我。

我于是更窘迫了。

最后，几个同学冷漠地摇了摇头。

我觉得无比丢脸，不等他们摇完，就飞快逃离了。

回去后我很郁闷，觉得不过就是向他们借一个水壶而已，又不是求他们救命，更不是请他们散钱，至于摆出一副高高在上的姿态吗？

于是我下了结论：他们人品太差了！

后来，当我在社会上累积了一些经验，再回想当初的事情，我才知道，有时候别人摆出一副高高在上的姿态，还真不是别人的错。

而是你，先把自己摆在了一种低姿态上。

虽然看不见当初自己的样子，但想必是一副畏畏缩缩，尴尬而不自然的表情。

这时，别人看你的眼神冷漠又奇怪，就不足为奇了。

前文提到的法国留学生，也在后来明白了，为什么别人可以不断试穿，而她却要被店员鄙视。是因为她怯生生的态度，以及对自己的不够重视，都在告诉店员：“你可以欺负我！”

生活中常常有这样一类人，他们心地很好，人品也不差。他们也很聪明，总是费尽了心思，小心翼翼，努力去猜测别人每一句话里的含义，力保自己说出的话，不会得罪任何人。每说错一句话，都会让他们懊恼许久，自责许久。

他们也相当懂礼貌，见到所有人都热情地打招呼，别人也报以微笑，看上去似乎混得还不错。其实，点头之交，已经是他们和别人关系的极限了。

虽然他们为了考虑每个人的感受费尽心机，常常弄得自己很累，但结果却总是被所在的群体有意无意地排斥、孤立、冷淡。

像是有一面无形的墙，阻挡住了他们和他人关系更进一步的发展。

所以，一个群体里面，常常是其他人都已经交往到一定的深度了，他们还依然和每个人维持在点头之交。

他们很苦恼，不知到底是哪里出了问题。

说到这里，我觉得有必要讲讲我妈了。

我妈是个社交达人，在现实生活中混得风生水起。

两年前我才把她从家乡接出来，可现在她对这个城市的熟悉程度远远高于我，在这个城市结识的人脉远远广于我。

我现在出门，都要靠她来指点路线。无论我说的地方有多么偏僻，她都一脸云淡风轻：哦，×××嘛，上次我才和×姐去过，你走哪里哪里就到了。

在这个城里我生存了十年，结果现在她是城市达人，我是外来打工仔。

永远有人往我家送礼物。

今天是张姐送了我家牦牛肉，明天是李姐送了我家车厘子，后天是罗姐提上来两篮土鸡蛋……

关键是，我妈既不是土豪，也不身居高位，她就是一个普普通通的中老年妇女，更关键的是，我很少看见她送别人礼物。

可奇怪的是，别人就是喜欢她。我一直觉得她的人格魅力是个谜。

有一次，我向老妈请教人格魅力养成大法。

结果她说：一人在群体里面一定要成为特别的所在，不然，别人凭什么记住你呢？别人连记住你都不能，又怎么可能喜欢你呢？

原来我妈无论在哪个群体里面，总是第一个发表意见，她说她才不管她的意见有没有照顾到每个人，有没有令所有人都满意，更重要的不是意见本身，而是说出自己的看法这件事。

只有说出了自己真实的看法，你才是最真实的一个人。

在电影中，有很多的群众演员，他们或许出现的频率并不低，但是，你喜欢过哪个？

让我们喜欢，让我们憎恶的，不总是主角和大反派吗？

为什么我们对他们印象深刻？为什么群众演员都是面目模糊的？

因为主角们都真实。

他们真实，就在于他们拥有自己鲜明的个性。

在生活中，一个人如果因为太顾虑别人的看法，而模糊了自己的个性，那么他在别人的眼里，其实就是一个群众演员。

有一句话说："有多少人讨厌你，就有多少人喜欢你。"换句话说，没有人讨厌的人，肯定是没有人喜欢的。

别人喜欢你，是因为你身上具有的某些特质惹人喜欢。同样别人讨厌你，也是因为你身上的某些特质让人觉得不爽。

奇怪的是，往往一个人身上的同一种特质有些人就是喜欢，有些人就是讨厌。如果你害怕被别人讨厌，那就意味着你同时也拒绝了一些人的喜欢。

其实，你大可不必为了讨好别人而戴上面具。你企图面面俱到，结果必然面目模糊。

你怪别人记不住你，存在感低，那你要想想，你有没有让别人记住的特点？你把自己藏在了厚厚的面具里，所以你就像一个幻影轻飘飘的，可有可无。你费尽心思想要让每一个人都满意，却收效甚微。

因为在这个世界无论你怎么做，总会有人不满意。

就像我们写文章，你写鸡汤，有人说你媚俗；你写干货，有人说你无趣；你写玄幻网文，有人说你低级；你写严肃文学，有人说你古板；你接地气一点儿，有人说你像流氓；你文青一点儿，有人说你装；你扯淡，有人说你无聊……

你看，永远有人不满意。

那你何必为了别人的目光把自己变得如此卑微呢？

讨好别人，迎合别人，别人就会喜欢你？真相是：你越小心翼翼，越会被别人忽视！

你放低了自己，抬高了别人，他们都看不到你了，何谈喜欢你啊？

就像那个法国留学生和学生时代的我，为什么会那么畏畏缩缩？还不是因为我们太在意别人眼里的自己。

我们生怕说话的声音太大，姿态太高傲，会令对方不喜欢。于是，我们通过身体语言和说话声音特别强调了对对方的尊重。

然而，太过于尊重，就变成了谦卑。此时，我们已经把对方摆在了过于夸张的高位上，对方忽视甚至鄙视我们，也就不足为奇了。

所以，你心地很好，你人品不差，你很聪明。那就别把聪明浪费在面面俱到上了，你又不是人民币，干吗要得到所有人的喜欢？

把你的人品真诚地展现出来，坦坦荡荡做自己，不用怕得罪人，自然就能赢得别人的喜爱和尊重。至于那些不喜欢你的人，你又何必浪费精力去在意他们呢？

▶ 认同自己，洒脱无畏地活着

人对自己的定位总是有偏差的，尤其是回过头去看。

我有一个定期整理相册的习惯，把新的照片导入到电脑里，再顺便看看往日的旧照片。前几天翻出一张自己几年前的单人照片，年轻的脸庞带着无所畏惧的表情，安静地坐在会场中间的椅子上。

我马上转发给一个朋友看："你看，以前怎么这么有精神，才过了不到三年时间。"他立刻回复："是啊，看那脸，神采飞扬。"可我记得拍下这张照片时，明明是觉得自己眼睛特别小，腿有点儿粗，背也不够挺拔，当下就毫不犹豫地把这张照片归类到"其他"文件夹里了。

一次，女友指着一张去年的照片，跟我说："你看那个时候我皮肤多细腻，嘴角还没有纹路，眼睛也比现在明亮。"我习以为常地说，那个时候你可是边唉声叹气边说自己已经人老珠黄了。

不久前，看到林青霞的一篇采访。她说："五十几岁的时候，感觉自己很老了，没什么前途了，可是现在过了六十岁我反而放松了，还感觉自己变年轻了，因为你发现六十岁那么圆满。"

她还说："其实我现在很后悔，那时候不懂得珍惜，不懂得欣赏，有时看看以前的照片，那时候那样年轻那样美，为什么不去享受和珍惜，自己不欣赏自己，然后拼命钻牛角尖，钻得自己好痛苦。所以我现在常常提醒自己，一定要好好珍惜现在有的，活在当下，不要再伤春悲秋。"

六十一岁的林青霞终于懂得打开自己，敢说一句"现在是最好的时候"了。还好，我在二十七岁的时候已经发现了问题的严重性。

回想起来，对自己的不认同、不欣赏让我纠结了一程又一程，错失了一个又一个机会。

毕业以后，我开始寻找工作，“应该没有公司会要我去面试吧？”我每天心里只有这一个念头。我投出了简历，以为会像一块石头沉入海底，悄然无声，谁知道出版社、报社都给了我面试的机会。

这种对自己的不确定，消耗了很多精力，也蹉跎了很多光阴，青春是有限的。有时真的想回到过去，跟那个时候的自己说：“喂，你干吗老是自我怀疑？”

为什么一直低估自己，一直惴惴不安，是因为没有尽到最大的努力，没有充分的准备。一个胖子最容易做的事情是什么？就是觉得自己胖，然后什么也不做。他可以不停地宣称自己要减肥，看到苗条的女生心里羡慕到发狂，碰到漂亮的衣服以后默默咽口水，然后一遍又一遍地怀疑自己，可还是不去挥洒汗水，少吃多动。

申请学校的时候愿意多修改几遍 Personal Statement，愿意多做几份资料去尝试更多的学校，心里的底气自然会足很多；找工作的时候，认真提高自己的英文水平，多练习一下沟通技巧，最好前期就注意积攒实习经验，自然会觉得一般的工作都配不上自己；想读博士之前，把本专业的经典教材、专业期刊的内容研读几遍，写出一个像样的研究计划，这样也不会觉得自己没有能力去应付博士的研究生涯。

有勇气说出“I deserve it”的背后是充足的准备，是坚信自己艰辛的付出可以匹配最好的结果。

我有一位朋友，她长得非常漂亮，皮肤白皙，双眸清澈，而且是年纪越大越脱俗那种。身边的人都已经奔着妇女的气质发展了，她还是一如往昔。谁知她告诉我，以前竟一度为外表自卑过，因为她被喜欢的人说胖，下牙不齐，前额还有点儿秃。可是一帮闺密们天天称赞她，说她漂亮极了，久而久之她也认为自己好看了。

大学时，有一次和一个美国人聊天，他得知我论文写得比较困难，却说了一句“你父母一定很以你为骄傲”，我问他为什么，他说你这么年轻，还在中国排名前十的学校读书，难道他们不骄傲吗？虽然美国人说得有些夸张，但是这个角度是我从来没想过的，大多数时间我都在为没办法按预期时间毕业而感到忧虑。

没有人是完美的，如果永远盯着自己差的地方看，会越来越恐慌，大概会觉得自己做不成任何事。多看看自己好的地方，放过自己那么一丁点儿的不足吧。

我们从小到大受的教育都是一定要谦虚，别骄傲，枪打出头鸟。另外，别以为自己有多了不起，比你优秀的人多着呢。时间久了，好像承认自己有什么优点是特别不好意思的一件事情。

娜塔莉·波特曼初到哈佛的时候，她没有写过十页以上的 Paper，却要开始一周阅读 1000 页以上的文献；她只会演戏，却被一群想成为总统的精英包围着。她对自己的能力怀疑到了极点，觉得她能被录取仅仅是因为拍电影带来的名气。于是她决定选一个严肃而有意义的办法证明自己，改变其他人的看法，她选修了神经生物学和高等现代希伯来文学。

当她啃着这些艰深的课程的时候，发现她的同学在写关于航海和流行文化杂志的论文，教授在教童话和黑客帝国。她终于明白，为了严肃而严肃是件很可笑的事情，承认自己对演艺的热爱，坦诚地面对自己才是她正确的路。

试图迎合世俗的期待、标准及价值，做他人眼中有意义的事是一件吃力不讨好的事情。最不应该的就是被别人来定义你该几岁结婚、几岁生孩子，该从事什么职业，该做些什么事。

在做编辑的初期，也有人质疑我，写公众号文章有什么前途呢？粉丝多的公众号多了。写文章比你强的人也多了。可我知道自己就是喜欢写，尤其想写给女性读者看。写了六个月之后的今天，这个平台有十多万粉丝能看到我的文章，我还借此与许多优秀的女性有了接触，至于稿费那些顺带的好处就不提了。

年轻的女性特别容易对自己产生怀疑，格外敏感和不安。看看后台的留言，有人在思考“朋友都排挤我，每天都很痛苦，我是不是哪里有问题”，有人在问“我想从事时尚工作，但是在小城市，我还有没有机会”，还有人在说“我不属于好看的女生，不敢和男神说话，我觉得我配不上他”。

当你努力去拼搏

像一朵艳丽的玫瑰华丽绽放时

你便不会再有时间去忐忑不安

当你顺从他人的旨意

拘泥在局促的生活中

你就会在自我怀疑中慢慢枯萎

如果要我来回答这些读者的问题，我想对他们说，放手去爱人，去做自己，去做想做的事情，洒脱无畏地活着就什么都好了。

▶ 做自己就够了，别管旁人怎么看

最近，一个女性朋友跟我诉苦，因为她总是感觉焦虑不安，这种状态持续很长一段时间了，据她的描述，是生活当中发生了一些事情，准确地说，是她马上要搬去一个完全陌生的办公室工作。她觉得自己不能接受，可是又不知道为什么。我安慰她说，这样的变化总归能给平淡如水的生活一点儿新鲜感，她却很排斥，她说感觉心里的某些东西被动摇了。

或许是因为她太爱这份工作，爱跟她一起工作的人，她习惯了这一切，习惯了在自己熟悉的环境中自由地穿行。一开始我是这么想的。

但是聊过之后，我发现，其实不是这样的。她焦虑的原因无关环境，也无关工作，而是她无法接受进入到陌生的环境中可能会被忽视的感觉。她说：我好不容易让现在的同事都喜欢我，要是换了地方，和新的人一起工作，要是他们不喜欢我，该怎么办？原来她习惯了在现有的环境里被人关注，甚至有的时候，她觉得自己身上是带着光环的，但是改变破坏了这一切。确实，因为性格活泼，又好学，她总是能在现有的几个同事面前尽情地展现自己，自信满满。但是去到另一个大环境中，比她牛的，比她有能力的，比她漂亮的，有很多。到那时，她就不再是众人目光的焦点。她也不得不承认，自己并没有想象中的美好，更不可能得到所有人的喜欢。正是这种不敢承认自己，无法得到所有人的认同，却又不得不展露在众人面前的现实，导致了她的焦虑。她总是努力把自己打造成别人喜欢的样子，因为在她心里，别人认为她好，才是真的好。

我见过不止一个这样的女孩儿，明明可以做最简单真实的自己，却总是要用别人的价值观来改变自己。如果只是追求一类人的喜欢，用一种价值观来衡量自己，或许还可以说，她正在尝试，看看什么样的生活方式适合自己，这无可厚非，但是这类女孩儿不是这样，她们有一个想象中的完美的自己，这个自己的身上几乎集合了所有她能想到的女孩儿的优点，并且总是人见人爱。

生活中，这样的女孩儿有两个特点。首先，她们看起来是积极向上的，充满热情的，会将学到的、看到的各种心灵鸡汤在身上一一试验。因为在她们的意识里，这样的女孩儿是受人欢迎的，但是一旦遇到一点儿挫折，很快就会表现得失落，只不过她们会隐藏起来。她们的内心其实是脆弱的。

回到我的那个朋友。她说，她听很多的讲座，看很多的道理，每天用不同的价值观跟自己说话，她很喜欢写计划，给每一个自认为喜欢的领域都定目标，却总是不能投入足够多的精力和热情，或者从来就没有开始行动过，一方面是因为它们大多数是别人认为好的，而不是她自己真正喜欢的；另一方面，这些计划都太过完美，太过精细，甚至细到每一分钟该做什么，而这在现实生活中根本就很难做到。于是做不到之后，她又会开始焦虑，然后又开始写计划，如此反复。她总是在同一时间内要的太多，既要每天跑步，拥有美好身材，又要每天学习，这样才能因为知道得比别人多而在同伴面前受到关注，同时她还要练口才，学吉他，学各种软件。总之，远远超过她每天在有限的时间范围内能做完的事情。

究其原因，她太过在乎自己在别人心中的形象，希望获得所有人的喜欢，当总是做不到时，就会导致身心疲惫。在她的脑海当中，有一个想象中的完美的自己，这个自己实现了她所有的计划，符合所有人的价值观，而这是根本不可能存在的，因为每个人的价值观都不同，它们本身就是矛盾的。

其实，期望获得别人的认同是人的天性，在人际关系中，会给人带来安全感。但时间久了，就很容易丢失自我。就像我的那位朋友，慢慢地，她忘了自己内心真正要的是什么，而当下，自己能做什么，应该做什么，可以做什么，却全然不知。总是花很多时间去琢磨别人会喜欢什么样的自己，然后看似积极地去变成那样，甚至去制订很多计划，但制订之后，不是马上执行，而是思考该不该，要不要，开不开始，值不值得。他们进入了一种等死模式：用别人的价值观来绑架自己。然后总是寻找那种从开始就确定，只要开始就会成功的事情。因为在他们的潜意识里，失败是不受人喜欢的，所以不能允许自己失败。他们总是以为自己很喜欢某样东西，然后去追寻，有些时候会从中享受到真正的快乐，但有时只是敷衍。尽力了吗？其实没有，最后的结果大多是半途而废。问题的关键就在于，那或许并非就是他们真正喜欢的，而是他们认为别人会喜欢的。

我也会偶尔看到这样内心的自己，然后就会慢慢地静下心来，和自己对话。我想我们不应该把目光一直放在别人那儿，而是要问问自己究竟喜欢什么，想过怎样的生活。找到那个对你来说坚定不移的信仰，它能让你做所有的事情都笃定而决绝。

不要把时间浪费在别人的看法上，你就是你自己，不是别人。人唯一可比的地方，就是谁更了解自己，更知道自己要什么，更能让自己成长。否则，我们都一样，经不起生命的起伏，只会躲在角落里孤独地徘徊着。

▶ 生活是自己的，不要以别人的生活为例

朋友阿俊最近的状态很不好，他好像进入了“人生怀疑期”。他家庭生活趋于稳定、平淡，工作也进入平稳期，没有新的有趣的东西，也没有办法实现大的突破，所以他总觉得有一种很难言明的难受，情绪抑郁。

他太太说：“你去看看别人家，不也这样吗，你到底想要什么呢？”他太太的意思是，在物质层面别人拥有的他们基本上也都有了，所以还有什么不满呢？

朋友想了想，斩钉截铁地说：“从过去到现在到将来，我所追求的就是幸福。这是永远不会改变的答案。”

不得不说，“幸福”这个概念太大了，大概生活中的

正常人很少有把它挂在嘴边的吧。我们总是说“祝你幸福”，又或者“他们过上了幸福的生活”，但是幸福到底什么模样，我们好像总是触摸不到。

是买了一栋心仪的房子的心花怒放，是提回新车开着去兜风的开心愉悦，是获得升职加薪的兴奋激动……这些当然都是幸福的瞬间，但是，跟朋友所说的幸福，好像还不太一样。

他想要的幸福，是一种状态，是一种充盈内心的感觉，是他即便在一个朴素的生活环境里，也能时刻感受到的那种自在安然的感觉，是他对自己有认可，对周围有感知，那是一种很特别很自由的感觉，而不是别人看上去那样的生活。

我们总是会以别人作为范例来生活。

小时候，是“别人家的孩子”影响着我们，他们或者很优秀、成绩好，或者特懂事、嘴很甜，当然也可能身材高挑、肤白貌美，总之，他们永远都是父母口中你应该去参考的标准。

长大后，我们若是对自己的工作有点儿不满意，会有朋友劝你，“那你同事不也这么干着吗”；若是我们对生活有些微词，家人会毫不客气地指出来，“谁家日子都是这么过，你还想怎么样”；尤其是当你想做点儿不一样的事情时，当你打算成为略微独特的自己时，亲朋好友都会跳出来轮番游说你，“折腾什么呀，你看别人都那样，过得也挺好，你咋就不行呢？”

所以，当你很不喜欢眼前这份工作的时候，也迟迟没有跳槽或者辞职；感情谈得很不顺利时，总是下不定决心分手，毕竟别人也会吵架也会闹别扭不是吗？一旦进入婚姻更是如此，发现问题你想沟通一下时，面对的那个人可能会说：“哪来的那么矫情，谁家两口子不闹矛盾，就这么点儿小事儿有什么好谈的？”

若是矛盾不可调和，来规劝你的可不止他一个人，而是变成了全家总动员。吵吵闹闹过一生是许多中国夫妻的“实践经验”，很多人是这样熬了一辈子，熬到再也吵不动打不动了，但这不代表就是对的呀。

奇怪的是，有很多时候，我们居然就迷迷糊糊地拿别人的标准来衡量自己的生活了。

既然大家都能忍受得了这份枯燥的工作，那么我也没理由离开对吧？既然再找一个男朋友可能也会有争执也会有泪水，那又何必折腾呢？既然我的父母也是争吵了一辈子才终于“白头偕老”的，那么我那难熬的婚姻不必改变也能咬牙坚持到最后吧……多么心狠的我们啊，“削足适履”，一点儿点儿把自己变成了另外一个“别人”，而不是自己。

别扭地过着并不适宜的生活，苦闷地忍受着并不适合自己的一切，安慰自己说这就是人生。

可是，为什么不去看看还有很多人，活得那么恣意那么快活呢？

踏入职场几年，我看着很多同事辞职离开，有的去创业，有的跳槽，还有的做了全职太太。我的想法一直都是，如果觉得一份工作无法安抚内心的骚动，不能带来幸福感、成就感，甚至还可能掏空你的安全感，让你很焦虑，很烦躁，那么，就应该考虑改变，而不是得过且过，当一天和尚撞一天钟。

幸福是什么，成功是什么，我们到底怎样才能过上自己理想的生活？所有这些问题，肯定在每个人的脑子里都翻滚过。对我而言，到最后不过是最简单的一点：做自己。

我一定是跟别人不一样的，所以永远不要拿“别人也那样”的话来作为金科玉律，我常用的反击是：所以我才不那样。我绝非不愿意听从别人善意的劝告和建议，我只是很认真地去找自己的目标，很努力地去做自己的事情，很用心地去投入，很自觉地接受结果。

和别人是否一样，永远不是我判断自己的标准。唯有自己内心的幸福感，才是唯一标准。

▶ 不想结婚生子并没有错

你仍然可以做自己。

如果你觉得做自己就是不一定结婚生子的话，也没有什么不可以。你说在寻找自己的真爱，真爱也不一定跟“结婚生子”成对立局面，对吗？

所以，于你而言，理想的结局当然是做了自己，找到真爱，又结婚生子，皆大欢喜。

其实没有什么势不两立的价值观。自我的价值观，你可以继续保有。主流的价值观，你也可以参考、顺应、延伸。

重点是：你爱自己吗？接纳自己吗？你允许自己活

得跟别人不一样吗？你能理直气壮地面对家人不一样的看法，而不感到内疚吗？

就像舞蹈家杨丽萍说，她来人世是做生命的旁观者，她来，就是看一棵树怎么生长，河水怎么流，白云怎么飘，甘露怎么凝结。她把一朵花、一棵树当成自己的孩子。她认为，自己就是自然的一部分。

这样的人生，也许在妈妈们看来，是不完整、有缺憾的，但是，从我的角度看来，她是完整的，她为世间带来了艺术舞蹈的美与创造，她是大自然的精灵与使者。

每个人，来到世间的功课与使命不一样，敢不敢成为自己，的确是需要勇气与决心的。当一个人内心的力量足够强大，他才有勇气去做不符合主流价值观的少数人。祝福你！活出自己，像花一样自由绽放！

从我们目前的社会环境来看，做自己其实真的不容易，要坚持自己的非主流价值观就更加难了。不过，还有一个更难的其实是认识真正的自己。

也就是说，我们常常以为自己很了解自己，非常清楚自己的坚持和追求。但我发现，我们自以为是的基本都是表意识，是我们的头脑和认知的产物，而我们的潜意识却隐藏着很多最真实却让我们难以觉察的真实。

如果你现在一直在寻找自己的真爱，而三十一岁的你还一直没有找到的话，你也许应该问问自己："现在的我，现在我坚持的自己，我真的认识和了解了吗？现在的我，如果一直还没有创造出自己想要的生活的话，是什么在我的内心限制着我？"

其实，一个人就应该坚持自己，坚持过自己真心想要的生活。但这里的重点是，你是否真正认识到了自己，是否真正找到了自己屹立不倒的自我价值观。

如果你确定找到了自己，那就别管别人说什么，继续走自己的路就好！如果你还不确定的话，先去找到真正的自己再说。

至于妈妈，她和周围的朋友不同，这个至亲的亲人，你需要多多和她交流。其实，我们的父母常常把爱用担心、干扰、控制的方式来表达，这当然不是爱的正确表达方法，但我们要学习做个智慧的人，用真正的爱来回应父母的一切错误的表达。找时间和妈妈谈谈心，告诉她你的想法和坚持，也告诉她你是如何深爱和感谢着她吧。

跟父母的控制反着来，与某些庸俗主流价值观对立，并不代表我们在做自己。当父母要求我们做A，我们偏要做-A时，一样是陷入轮回的陷阱，依然在被控制。

真正地做自己，需要如实地观照自己的身心感受去行动，而不是被头脑的念头驱动。那一刻，你的整个身心就那么自然地选择如此，没有对与错，好与坏，也不存在追随什么或者反对什么，你就是会那样行动。当你真正做自己，同时也就会理解到，别人也在做他们当下唯一能做的选择，也许恰巧与你一致，也许正好相反，你并没有与任何人对立。

▶ 你希望孩子成为怎样的人

你希望你将来的孩子成为怎样的人？许多人问过我。

我从简回答，说："自由生长，活出他最喜欢的样子。"

如果朋友要我说得具体些，我说："有一门手艺，混得了饭吃，也活得高兴；有三五好友，去广阔的世界；双亲康健，身为父母的我们，可以潇洒走四方，偶尔想起彼此，可以像老朋友一样聚餐，彼此不牵绊，高兴地汇报行程；有一个自己喜欢的人，恰好她也喜欢你，年轻的时候不孤独，年老的时候不寂寥。"

不过，现在，我更想说：

“亲爱的孩子，希望你成为一个幸福的普通人，普通到可以过好这一生，过到白发苍苍，在自己的小房子里，能够想起过去的年轻时光，想起那时或许已经离开的我们，想起未来的自己，不遗憾，不后悔，满面笑容。

“希望你知道，相较于面面俱到的平庸，我更希望你有一技之长。孩子，我不是希望你成为大师，或是顶尖人才，更不是希望你站在最高点，告诉别人世界上真正的优秀是怎样的。而是希望你有资格，让这份手艺，在你的手上变得有价值。

“很多人说，手艺用来吃饭，总是有点儿不纯粹，好像玷污了本意和圣洁，有了铜臭味。可是，只要初心还在又何妨？这个世界用来生活的方式很多，选择你希望的就可以了。去过澳洲的街头，那个会变魔术的老头儿，并不知道有一年自己幼年最擅长的魔术会成为自己的生活方式。他说：‘一切到来的时候，没什么好恐慌的，我会魔术啊。’

“就好像比尔·盖茨退学，最后成了首富。我特别认可一句话，比尔·盖茨的成功是因为他是比尔·盖茨，而不是因为他退学。中学的时候，就可以依靠编程赚钱，他的手艺其实足以让他不必太担心生计。有一门手艺的好处，在于你不必依赖于谁，也不必依附于谁。你闯荡江湖的独一无二，或许就是你的这个手艺而已。

“国人的教育体系里，还是有面面俱到的大课教育。我认可中考、高考这样的升学途径，因为这是现阶段唯一一条最为公平的教育道路。能学扎实，是最好；如果实在平平，倒也无妨。毕竟，人与人不可能都一样，每个人都有自己的样子。把时间花费在你喜欢的事情上，才是你生活的最大意义。

“希望你知道，这个世界并不是每时每刻都会温柔对待你。孩子，外面的世界很大，也很残酷，生活中也不乏刀光剑影，不是每个人都温柔。三毛有一句话，大意是，朋友需要分类。而你也需要分类身边的所有人。有些人可以放得离自己近一些，有些人也可以远一些。对待所有人都礼数周全，但未必对待每个人都必须热情洋溢。

“我倒是希望你有林徽因的灵气，但我也希望你有张爱玲的傲气，以及三毛的闲散气息，不是为了成为谁，而是为了在这个世界，可以成长得有声有色，有血有肉。

“希望你知道，孤独和相伴都是生活的模样。孩子，我并不觉得一个人必须要孤独，或者一定要群居，我只是想说，一个人孤独的时候，要好好过，许多人相伴的时候，也要好好过。

“以前，我总是很担心一个人孤独地生活。后来，一点儿也不。我们总要做好一切的准备，或许有一天，我们只有一个人留在方圆十公里空荡荡的世界，与自己独处就是能力。一个人起床，一个人刷牙，一个人做早餐，一个人出门谋生，下班回家后累到死，却发现空无一人，也或许那时的你，连个可以倾诉的人都没有，包括父母，你也觉得根本话不投机。你呀，看书，看电影，做点儿喜欢的事，然后安稳地过一生。

“如果有人陪着你，大概会很好吧。你可能和她结婚，过安稳的日子，在柴米油盐酱醋茶里喋喋不休；或是过四海为家的日子，浪迹每一个地方，然后和她在一起，只要你高兴就好。或许还会有孩子，或许一辈子都不想要，只要你觉得幸福，就是幸福。最好是还有温暖，至少要把更多的温暖给自己，给喜欢的人，给每一个你愿意关心和关心你的人。

“孩子，希望你做个幸福的普通人就好。

“我一直重复着几个词语‘你高兴的、你喜欢的、你想要的’，不是让你成为自私的人，而是让你最少地免于生活的苦，免于生活的忧，让心飞到海阔天空的世界里，不在金钱和权力里沉迷不已。

“每个人对幸福的定义不同，而我只是希望你，不必太有钱，温饱就好；不必太温柔，有点儿锋芒；不必太纠结，放得下很多事；不必太清高，做一个温暖的人。”

▶ 定制自己的成功标准

[1]

我一直不太喜欢“成功”这个充满功利色彩的词语，直到有一天，我发现我那么努力，就是为了有一天取得世俗意义上的成功，最好名利双收。这个成功只能是我自己取得的，与家庭无关，与另一半无关。

我身边有很多朋友，都淡泊名利，对很多东西都不在乎。他们家庭优渥，毕业于名牌大学，行走于世界，他们从不屑于与周围的人争什么，低调地过好自己的生活。

我不同，读书时，好好学习，一定要拿奖学金，认真参加每一个活动，希望自己的证书再多一点儿，评比的时候可以多加一点儿分。为了讨老师欢心，业余时间，帮老师干活儿，收集问卷，录入数据。

独独，我的好朋友，相识八年，最近我在她们家休养，她说："这么多年，你一直想要证明什么。你把生活过得这么紧张，回家只是你第二个工作场所。"可她从来没有劝我放弃追求，因为她知道每个人都有要走的路，要修的功课，而我想要的恰恰是最容易得到的。

独独放弃去欧洲发展回到南方小城，每天画画儿、练瑜伽、禅修等。而我放弃老家的安稳工作，跑到北京发展。

我能够忍受早高峰的地铁，能够忍受加班到十点回家，同样能够忍受大城市的喧哗与吵闹，能够忍受外地人到北京的不适与奋斗的艰难，更能忍受高房租与高物价……

但我绝不能接受自己一辈子碌碌无为，平凡生活。我不能接受在小城市里，娶妻生子郁郁不得志。在过去很多年里，我一直不能够真正的快乐，我对自己不满意，对整个人生都不满意。来到北京后，在这个很多人不喜欢的充满浮躁气息的城市，我才觉得能够真正做自己，找到了存在感，我一点儿点儿地释怀过往，变得更加从容。

［2］

大学的时候，W 姐是我的学习榜样，我跟着她读各种专业书籍，经常向她请教问题。她非常努力，天天去上自习，读英文原著，搞研究。以第一名的考研成绩去了中山大学，中山大学的心理学考卷全是英文答题。后来，她去香港、国外继续深造，现在定居香港。

她高中时在省重点就读，钢琴十级，擅长写作，放弃了某 985 名牌大学的保送，希望通过考试进入自己喜欢的大学。但天不遂人愿，她最后来到我们学校，一个省重点二本学校。

她大学的时候，焦虑已经成为生活的常态，我也是如此，但我们调侃自己已经能够和焦虑和平共处。就像电影《美丽心灵》中，纳什患有精神分裂，却通过意志力和自己脑海中的幻觉和平相处，一如既往地坚持工作。

W 姐去年从香港来北京开会，我发现她整个状态都变了，焦虑得以缓解，对待生活从容，变得更加幽默了。我想她终将闪耀，到达顶峰，再看过往，一切都微不足道。

我从小就非常自信，因为我爸爸有钱，我有吃不完的零食，周围人都捧着我。后来，家庭变故，每年过年被要债的挤破家门，世态炎凉，多有体会。我那种天生的因为家庭而来的优越感也已不存在了。

我后来步入社会，认识的朋友一个比一个优秀，自带光环，他们一出场，别人都忍不住会多看几眼。那时我才意识到，我想要成为他们这样的人，自带光芒，闪闪发光。

[3]

心理学有时候是非常残忍的，它对人进行深层次的剖析，把你最不愿意承认的，潜意识的东西，血淋淋地呈现在你的面前。没有谁有灵丹妙药，那些心灵鸡汤喝多了，噎死人，也解决不了问题。

成长之路，那是破茧成蝶的蜕变，就像在刀尖上舞蹈，非常痛苦。独独告诉我说：“小迷小悟，大迷大悟。有困惑不是坏事情，一旦顿悟更彻底。”

我大学时，凌晨三点经常惊醒，我梦见自己过得非常失败，惊出一身冷汗。我还因为压力大，经常梦见牙齿全部掉光……那时做完梦，我就记住它，然后找独独帮我解梦。

从大一到大三，与过去的自己相比，我变得越来越优秀，焦虑有所缓解。但两次考研失败，让我建立的自信又轰然倒塌。独独当时说："我真怕你垮掉，因为考研对你的意义已经变了，你把它当成救命稻草，甚至失去了独立的判断，选择不适合的学校一搏。"

第二次考研失败，很多关系好的老师劝我调剂，说做研究在哪里都可以。但我拒绝了，因为太了解自己，对生活绝不会妥协，得不到最好的，我宁愿不要。就像我从小到大一直喜欢吃零食，吃最好的零食，但后来家庭变故后，舅妈给我买廉价的零食，我不吃。她非常生气，说："心比天高，命比纸薄，你以为还是从前呀。"

这句话唤醒了我，现在不是从前了，我开始戒零食，这对于一直有这个习惯的我来说，非常痛苦。而我花了一年多的时间，再也不吃任何零食，这个习惯保持了十年。我骨子里是骄傲的，我的字典里就没有将就这个词。

[4]

这个世界一点儿都不公平，为什么那个傻瓜赚钱比我多，为什么那个傻瓜过着我梦想的生活，而我聪明能干，幸运儿却不是我？

为什么那个傻瓜的梦想和才华转化成财富，而我的付出与收入不成正比，每月入不敷出？念书那会儿他成绩一塌糊涂，比我差很多，现在混得人模狗样，我到底是哪点做错了？谁能告诉我这都是为什么？

当我这样发问的时候，我知道自己已经输了，只有弱者才会问为什么世界如此的不公平。真正的强者绝不会对眼前的困难低头。我想明白了这一点，心甘情愿从小职员做起。这个世界不存在怀才不遇，没有被认可，不过是自己自视清高，太把自己当回事。

很多时候，我们必须对自己残忍一点儿，必须下定决心告别过去的那个自己，然后才能活出不一样的自己。

现在的我，还远没有成功，但我已经过了前几年为金钱窘迫的境遇。我已经可以背起包，说走就走。当自家弟弟处于事业低谷期时，我可以说：来北京散心，我养着你。当我爸妈想要一个智能手机时，我可以告诉他们，我给你们买。当女友为在北京买房而愁眉苦脸时，我信心十足地说：亲爱的，我努力赚钱给你买房……

【5】

这两年，我不再像之前那么关注外在的一些东西，比如别人的看法，不好的评价。前两年，我非常怕这个，就怕周围人觉得我过得不好，就像独独说的特想证明什么。

我知道这是一个过程，没有什么，才想要证明什么。我现在开始回归内心，但远远不够，可这又有什么关系呢？我知道等我拥有了，自然而然就不在乎了。

我们看过那么多书，很多成功人写的书，教我们淡泊名利，追求自己想要的生活。我认可他们的观点，但我觉得年轻人就应该好好赚钱，取得事业上的成功。如果连下一个月的房租都交不起，怎么可能选择过自己想要的生活？如果你去参加面试，连一件像样的衣服都买不起，这时你还能淡定地拒绝这份不喜欢的工作吗？

我记得身边有一个人辞职去旅行，后来遇到雪崩，救援队呼吁他身边的人捐款，把他的遗体运出去。后来，他父母提起他，恨铁不成钢，说他从小就自命不凡，不肯踏实生活。工作总觉得怀才不遇，换了一份又一份。原来，他只是逃避现实生活，才选择去旅行。

张爱玲在《倾城之恋》中写道："如果你知道以前的我，也许会原谅现在的我。"我记得大学时，曾有同学对我说你太强势了。也有人说你整天想着学习进步，取得成功，太势利了。每当这时候，我对他们心怀感激，可他们不是我，不懂得我想要什么。

我就是想要成功，这个成功是我自己的标准，我就要三十岁的时候，有每年赚一百万的能力；我就要三十岁的时候，在北京拥有自己的房子；我就要在某一个领域，成为专家；我就是要努力，成为畅销书作家，虽然我现在知名度还不高，但我一直在努力，别人用两年时间，我可以用十年时间。

那么成功是为了什么？我就喜欢得到之后，可以风轻云淡的感觉；我就喜欢通过自己的努力，赚到钱，去自己想去的地方，去学习自己感兴趣的事物；我就喜欢通过外在的成绩，一点儿点儿内化自己的价值；我就在喜欢身边的人需要我时，淡定地说不怕，有我在。

我对爸妈说："小时候，别人因为你们重视我，长大后，我会让别人因为我而重视你们。你们不用担心，我终将会成功。"

那么努力是为了什么？那么成功是为了什么？我有答案，你有吗？

Five

爱情与婚姻，那些你需要知道的事

▶ 为什么女人年龄越大越难嫁

宁姑娘打电话约我和女友喝下午茶，我们去了常去的那家咖啡店。

宁姑娘问我们："你们说，是不是真的年纪越大，越难嫁人了？"

宁姑娘比我女友大几岁，但长得比实际年龄小几岁，看起来一点儿都不显老，扎两条辫子，说不定还能装一下大学生。

她问的问题我想了想，说："我觉得是。"

然后就换来女友的一个白眼儿。

宁姑娘捧着脸后悔地说："早知道那阵子该去把年龄改小十岁，正青春貌美，看谁还敢嫌弃。"

我说：“我还没说完，我不觉得姑娘年纪越大越不容易嫁是因为年龄，而是年龄越大的姑娘，见识越多，越不容易被忽悠，越知道自己要什么，越明白什么男人能要，什么男人不能要。”

是的，姑娘年纪越大越难嫁，是因为姑娘随着岁月的增长，越来越看得明白了。

[姑娘年纪越大，沉淀的内涵越多]

姑娘没男孩子那么贪玩儿，也没那么多酒局、游戏局，姑娘要是交了男朋友，可能会一心扑在男朋友身上，可还有那么多一个人的时光，一般就是拿来修炼自身了，姑娘可比我们男人更专注自身得多。

姑娘买衣服，买杂志，学搭配，买护肤品，买面膜，做SPA，健身、跳舞、练瑜伽，这是对外表的投资和保养。出门，一张白净的脸，一身搭配得体的服装，肯定比黝黑粗糙的脸、一身奇奇怪怪的衣服来得讨人喜欢。姑娘自身都打扮得美美的，自然想着另一半至少也是干净整齐的，那些猥琐邋遢的男人也就入不了眼。

姑娘旅游，看书，参加课程，这是对内在的投资，内涵修养提升后，从内散发出的气质就不一样了，举手投足再也不是莽撞的小女孩儿，多了几分韵味，多了几分优雅。姑娘自己都那么有味道了，自然更崇拜那些内心成熟的男人，没文化素养的男人又“悲剧”了。

姑娘从大学毕业一路打拼，受过一些性别歧视，吃过一些苦，也跟男人一起竞争过，姑娘甚至需要比男人用更多心，吃更多苦，流更多泪，才能打拼出跟男人一样的社会地位。这么一个能干的姑娘，内心还是有柔软的地方的，渴望找个人靠一靠、歇一歇，而能依靠的对象能力自然也不能太差，无可厚非能力比较强的人，会更有安全感一些。

综上所述，姑娘长年脚踏实地经营自己，累积起来的资本让她越来越优秀。

现在不是总爱按等级分人吗？也许就是这没交男朋友的几年，一个四等姑娘就一路奋斗到了二等姑娘，或许她的眼光就去看了二等或者一等男人，而金字塔顶的男人永远是最少的，也是下面所有姑娘梦寐以求争得头破血流的，于是乎，中标率又大大降低了。

[姑娘年纪越大，见识越广]

在社会上摸爬滚打这么多年，俗话说没吃过猪肉也见过猪跑，姑娘们一直睁大眼睛去看这个世界，虽不是什么都经历过，但至少也见过不少大世面，一点儿小把戏怎么糊弄得了姑娘呢？特别是一直在外闯荡的姑娘，见多识广，谁忽悠了谁还说不清楚。

糊涂点儿或者至少能装糊涂的姑娘，早就睁一只眼闭一只眼嫁了。没嫁的姑娘随着年纪增长，都多长了心眼儿，甚至会得同一种“病”：太清醒了。这眼睛就跟透视镜一样，那些男人对小妹妹要的小花招对她们完全无用，根本不给男人把自己算计进去的机会，真心还是虚情假意，感受真切得很。

比如一个爱吹牛的男人，如果对象是一个还在上学的十多岁小姑娘，听他说得天花乱坠，一下子就觉得男人多有本事多能干，根本看不到男人的本质，说不定就上了贼船。

可他的对象要是经历过生活的姑娘，一听就知道是不是在装大爷，你要敢吹得牛哄哄，她就不会脸红不好意思，不说脏话不骂人，可随便两句话就能撕开他的面具，顶得他心坎儿都痛了。

年纪大了的姑娘，心底都明白自己想要什么人，经济适用男还是成功人士，心里都有底，有追求者而不接受的，十有八九追求者是没达到姑娘心里的标准。

不可否认是大部分男人会选年龄小的姑娘，可小姑娘陪嫁的是美貌，只要有钱，整容医院到处都是，打个玻尿酸微调一下不难拥有美貌，可大姑娘陪嫁的却是人生历练，千金都买不到，成熟懂事、能力经济都不一样，当男人有一定素质的时候，就不是百分之百看年龄与美貌了。

其实我们在现实中见过太多出色的太太们，她们并不全是年纪轻轻的小姑娘，你们身边也一定有姑娘年龄比老公大的例子吧，区分姑娘的，不是根据肤浅的年龄，而是姑娘自身的优秀与不优秀。

无论是年龄小还是大，姑娘们都不能一心只想凭着外貌闯天下。面子为你降低了门槛，里子决定你的成败，不做花瓶，让自己的内涵比外表更动人，就算以后年纪大了，男人们也不敢轻视你。

[姑娘年纪越大，越难取悦]

不出意外，到了一定年纪，也有了一定社会地位和经济能力。出门要见客穿着打扮不能寒碜，招待客人喝的吃的不能太low，就像很多成功男士戴的名表，高层管理开的豪车，都是一个道理，当生活水平到了需要品质的层次，自然对生活品质就有了要求。

也许她选择的服饰更看中舒适度、质感和版型，选择的头饰首饰更看中做工、款式和质感，甚至需要一点儿品牌效应，她再也不能见商家就随意淘一件几十块钱的T恤，也不能在地摊上淘胶水都看得到的小饰品了。

也许她护肤品、化妆品只会用兰蔻、雅诗兰黛、香奈儿，她再也无法用那些名不见经传的小牌子甚至杂牌子了。

也许她休息和用餐都更注重环境，太嘈杂的小馆子味道再好，她也情愿选择清净，她不再随随便便就在路边摊上一边舔着冰激凌，一边咧着嘴吃鱼丸了。

也许她有时间就去健身房、游泳馆锻炼，去保龄球、网球俱乐部打打球，她再也无法坐下来打打麻将、喝喝啤酒、划划拳、聊聊天了。

也许她看上的东西是天然水晶手链、品牌的香水和正版的小饰品，当她再看到洋娃娃、小工艺品的时候可能觉得还可以，但再也不会喜欢得不得了了。

就像金星在某期脱口秀里面说的一样："十岁的姑娘一个棒棒糖就骗走了。"二十岁、三十岁的姑娘，就算你给她买一盒子味道齐全的不二家棒棒糖，也骗不走了。

当有男人捧着一束五颜六色没有一点儿美感的鲜花，抱着一只廉价的走线都歪掉的大熊公仔，带她去吃了一顿肯德基，或者点了一打啤酒豪饮的时候，她可以接受，但实在没有办法像一些小姑娘那样欣喜若狂，视为珍宝。

不是她拜金、虚荣、傲娇，是她已经奋斗到了这个圈子，她就只能做适合这个圈子的事情，而并不是每一个男人都能支撑起适合姑娘生活品质的生活，我见过太多的姑娘，真的不好取悦。

总而言之，姑娘年纪大了是不好嫁，但绝对不是男人单方面地挑剔你的年龄，而是姑娘自己已经有了内涵和历练做资本，更有了不选择男人的底气，她们可以按自己的喜好去寻找想要的爱人。

▶ 有“嫁值”的姑娘，运气总不会太坏

[1]

大学读书时期，我认识了一位有趣的姑娘，直到现在也记忆犹新。

姑娘高考失利又不肯复读，于是来到自考班学习。自考班学习紧，任务重，一个月后，姑娘受不了这种紧张感，没跟家人商量就擅自退了学。

那时网吧正盛，姑娘拿着学费在大学旁边的小区租了套房，然后用剩下的钱去科技市场买了八台电脑，一个小小的网吧就这样开业了。

网吧的生意非常火爆，一年以后，姑娘的网吧已经颇具规模。四年后，她已经买了房，一个月近两万元的固定收入，远远甩开了我们这群初入职场的菜鸟。

但姑娘并没有因此停下脚步，她心思敏锐，善于捕捉商机，很快又在学校附近开了家奶茶店。2007 年股市大热，姑娘以二十万元本金投资基金和股票，赚得盆满钵满，资产翻了好几倍。

有一次和这位姑娘聊天，我感叹姑娘的远见卓识。引来她哈哈大笑，她说："哪有那么多远见，只不过我是一个没有安全感的人。"

姑娘只身来济南不是为求学，而是为了离青梅竹马近一点儿。从幼儿园、小学、初中到高中，姑娘和男生一直在同一所学校读书，然而，这样的一路同行在高考后发生了变故，男生拿到了山大的录取通知书，姑娘却名落孙山。男生的家庭条件不好，姑娘不堪学习压力，干脆拿出学费一心一意为他们的将来打拼。

曾经许诺非卿不娶的人最后单飞。姑娘还是笑着说："男人的心思太难捉摸，你笃定他离不开你，偏偏他就变了心，不过也没关系，男人可以是别人的，‘嫁值’却是我自己的。”

[2]

有一位学妹每晚雷打不动地在女生宿舍里兜售生活用品，因为嘴甜价格实在，很多女同学都习惯在她那里买东西。后来才知道，她其实还有几份兼职。

我看着她瘦弱的身板，跟她开玩笑：“干吗这么拼命，难道你很缺钱吗？”

学妹眯着眼睛笑：“我是爸妈捡来的孩子，家里条件不算好，我妈身体不好，我有手有脚早该养活自己了，能赚就多赚点儿，还能补贴家里。”

我问学妹有没有恋爱，她沉默了一下，然后摇了摇头。

“有过，不过很快又分了。他听说我将来要带着父母生活，嫌负担太重。”

“错过你这么好的姑娘，是他的损失。”

学妹又笑眯了眼，说：“没什么，比起恋爱这件事儿，我还有更多重要的事儿要做。”

[3]

朋友的朋友，哲学系女博士A，年纪轻轻就被确诊为红斑狼疮，医院给出的结论是：这孩子活不过十八岁。

高额的医药费，她的父母为此而离了婚。

然而，这姑娘并没有因为这样的天塌地裂表现出丝毫的悲伤，她总是笑嘻嘻的。那段母女相互扶持的最艰难时光我不得而知。我只知道，她刚过了二十八岁生日。

大四那年，她在美国做交换生，每天伏在电脑前写论文到凌晨两三点，她跟所有普通的留学生一样拼命，甚至比其他人更努力。在读研的第一天，她就拒绝了母亲微薄的退休金，利用空闲时间在公务员培训班做讲师的收入，来维持自己的生活和药物开支。

这位姑娘还时常开导自己的母亲去做些喜欢的事，而不是把精力用在她身上。生活被她安排得妥当又充实，母亲受她的鼓舞，也逐渐开始放手去做自己喜欢的事——与同事结伴旅行，与邻里去跳舞，甚至还报名了插花艺术培训。

她说：“我不知道上天安排我哪天死掉，每天我都当最后一天来过，随便哪天死掉我都不遗憾，我来了，我活过。”

[4]

我的女同事，是一位性格爽朗的四川妹子，人长得漂亮，工作也很拼命，工作几年就自己买了房。身边的同事调侃她：“只要你愿意，分分钟就能嫁土豪，何必这么辛苦。”

她笑了笑，不置可否。

公司的成员来来去去，身边的朋友陆续结婚，而她买了车。

在朋友的婚宴上，我称赞她有女王范儿。

“女人的幸福感就像分散投资，我不能将幸福全押在男人身上，与其在遇人不淑或者等不到人的时候自怨自怜，不如早做打算，自己低头努力，至少还有物质垫底。”她这么回复我。

嫁人凭天意，“嫁值”靠自己。姑娘们的未来如何姑且不论，仅凭这份即使手无寸铁，也要举刀而立的气魄，也值得尊重和鼓掌。

你看，新女性时代，越来越多的女性站出来宣言“比起嫁人这件事儿，我还有更多重要的事儿要做”。

生活不能尽如人意，我们无法选择自己的出身，却能让自己变得更好。也许，你不擅长厨艺，但是你对美食有乐于享受的心情；也许，你不是家务达人，但跟你在一起的人会感觉轻松自在；也许，你不会早早地要孩子，但你对世界依然保持孩子一般的探索和好奇心……婚姻也不再是女人追求自我价值唯一的目标，修炼“嫁值”却是热爱生活的我们必做的事。

女人的“嫁值”不是做饭、收拾家务、生孩子，而是自我人格魅力的提升，明亮温暖的笑容，善解人意的态度以及落落大方的谈吐，这种以自己喜欢的方式前行，让自己觉得幸福也让他人觉得舒服的姿态，才值得你去努力。

当然，婚姻虽然不是女人的全部，但关于嫁人这件事儿，我不得不承认，有“嫁值”的姑娘，运气总不会太坏。

▶ 把自己养得很“贵”，就不该便宜任何人

简·奥斯汀的小说《爱玛》里，哈丽特问爱玛：“你为何不结婚？你如此天生丽质。”

爱玛说：“告诉你吧，我连结婚的想法都没有。我衣食无忧，生活充实，既然爱情未到，我又何必改变现在的状态呢？不用替我担心，哈丽特，因为我会成为一个富有的老姑娘，只有穷困潦倒的老姑娘，才会成为大家的笑柄。”

我简直为之倾倒，姑娘又霸气又自信，根本无须靠男人证明自己的价值，她选择结婚的理由只有一个：我喜欢。

这在当时是一种很超前的思想，但放在21世纪的当下，已经越来越多的姑娘走上了和爱玛一样的路：低质量的婚姻不如高质量的单身。

所以，越来越多的女孩儿不愿结婚。哦，千万别以为，她们不相信爱情，只是她们有资本活得很自由，所以对待爱情和婚姻，有了更高的要求。

我有个朋友说：我一个人过得挺好，面包我有了，凭什么找一个给不起我爱情，还想来分我面包的人。

她单身了很多年，如今三十岁，有房有车，仍然不想结婚，她自己觉得无所谓，但是爸妈很着急。于是她见了一波又一波的相亲对象。

其中有一个和她算是老同学，又是亲戚介绍的，她不想怠慢。所以，约见的那一天，她郑重其事地化了妆，穿了得体的衣服，背上包包来到那人订好的餐厅。

吃饭的过程，还算顺利，因为是老同学，很多年没见，所以彼此聊聊中学时代的事情，时间过得很快。

吃完饭后，两个人AA结了账，说有空再约。

没过几天，朋友接到了亲戚的电话，那个亲戚对她说：多好一个男孩子啊，知根知底，又是同学，你怎么不好好把握机会呢？你为什么要点很贵的菜，还穿那么好的衣服，让人家以为你是个不懂持家的女孩儿。

朋友听得一头雾水，后来才知道，当亲戚问起相亲结果时，那男孩儿说：我觉得她太爱慕虚荣了，又是化妆，又是一身大牌，点菜只挑贵的点，完全不懂勤俭持家，这样的女孩儿根本不适合结婚。

朋友听亲戚这么一说，反而释怀了，幸好没成，不然太糟心了。

她化妆，是出于礼貌，穿的衣服是自己惯常穿的牌子，包包只是随手拿了一个和衣服比较搭的，至于点菜，她点的也是合自己口味的，只不过她没按照他想象中那样，一切都按最便宜的来。

她只是按照自己的标配去生活，但是落入别人眼中，便成了败家。

可是，她花自己的钱，买自己喜欢的衣服，吃自己喜欢的美食，没毛病吧？

其实，不是女孩子太败家，而是她过的生活，她自己给得起，而你给不起。那又何必怨别人爱慕虚荣，而不反思自己胸怀欠佳，实力欠缺呢？

像朋友和这个相亲对象，说白了，其实就是消费水平和消费观都不在一个层次上，那么好聚好散就好了啊，真的没必要去数落女孩子，不仅暴露自己胸怀全无，也证明了自己物质底气确有不足。

抛却物质本身不说，我也始终搞不懂一些人的观念，比如：结婚就是一起省钱，要为了这个家庭，一而再，再而三地降低自己的生活标准。美其名曰：勤俭持家。

在我看来，真正的会持家，就是结了婚，一起挣钱，两个人叠加出高质量的生活，而不是你过得省一点儿，我过得差一点儿，最后越过越穷，反而失去了单身时那种朝气和拼劲儿。

如果婚姻就是这样子的负面效应和廉价心态，那么要了有何用？

女人也好，男人也罢，你可以图对方任何东西，但千万别图他省钱，你不知道，省下的不是钱，而是去赚钱的动力。没钱的时候，应该想着怎么去挣，而不是像和尚念经一样，对那个人念叨：你放弃你的高要求、高标准来配合我演一出没有追求的戏吧。

时间久了，他会被你拖曳着，越降越低，再也没有翱翔天空的资本。

一个家庭，一旦两个人谁都没有了更高的期待，还谈何希望？

真正喜欢一个人，不是让她降低姿态，去迁就你的低标准，而是不断努力，拔高自己，和她一起过越来越好的生活。这就是所谓的门当户对，你的努力要配得上她的拼命。

很多时候，女孩子本身并不怕穷，怕的是穷的心态，怕的是一直穷下去，还抱怨别人太奢侈。

一个永远只求你省，却不想自己去挣的人，还是算了吧，一味只想着让你降低标准，而不敢对自己提高要求的婚姻，不要也罢。

要知道，我努力读书，拼命工作，把自己养得很“贵”，真的不想便宜任何人。

▶ 痛苦和甜蜜，都是爱情的样子

[1]

“秋天该很好，你若尚在场。”表弟小林说，他想把这句话发给她，可终究还是没有。

三个月前，我碰到小林时，他刚刚结束了四年的感情。他从没想过，那个心心念念想为自己穿上嫁衣的姑娘，也会离开自己。盛夏的午后，阳光刺眼，知了聒噪，他漫无目的地走在小区里。他说睡不着，书也看不下去，连打游戏都没兴趣。

现在的他，已经没有了那时的沮丧落寞，变得稳重而踏实。他对我说，这三个月来，他用尽全身力气去不断反思，回忆这段感情，更回看过往的自己。以前，既是学生干部又有如花美眷的他觉得一切都顺风顺水，也理所当然。每天的时间排布得满满当当，他也乐在其中，无暇多想。

分手以来的这三个月，他想的东西比过去三年都多。他逐渐明白了自己的幼稚天真，也发现了彼此的尖锐棱角，然后知道了自己是什么样的人，想要什么样的生活。他给自己制订了一个小目标和一个大计划，有点儿难，可他正在全力以赴。他说，失恋，好像让自己从男生成了爷们儿。

像是揠苗助长，可放在这里，效果却出乎意料的好。在与失败感的短兵相接中没有败下阵来，在丰盛的回忆中提取出清澈的勇气，然后重新出发。看似手无寸铁，实则无坚不摧。

“这是最好的时代，也是最坏的时代。”时间会消解不甘还原真实，从一种熟悉的状态中脱离出来，也为你提供了一个契机，与自己对话，看到曾经被遮蔽掉的却非常重要的东西。渐渐从愤懑到懂得，到最后，只想对那个离开的背影说一声“不辜负”。

[2]

我也有一个想感谢的人，和一段想感谢的时光。

那是大三，我去参加一场音乐会。韩紫是乐队首席，我是记者。大概是音乐会蛊惑人，让台上的她显得愈加美丽动人。在随后的采访中，我更佩服她知识的广博和见识的深度。一颗种子在心里发了芽，向往光明想要破土而出。在许多个辗转反侧的夜里，我在网上搜集一切关于她的信息，把她朋友圈里的照片存进我的相册。而我和她，只有那一面之缘。

在又一个翻看韩紫朋友圈的深夜，我突然觉得自己特别无趣。这是在做什么呢？我问自己。她像夜空耀眼的星，而我只是大地上的一粒沙，低到尘埃里，她永远都看不到。嗯，暗恋没用，我需要变好！

我顺着她分享的书目去读了很多原来并不在我涉猎范围的书，然后不断地发现，哦，原来这件事还可以这么想。她喜欢练瑜伽，那我就去跑步。

不知不觉间，我不再眼巴巴看着她做什么我就做什么。我开始主动地走出自己的舒适区，把眼光伸向所有可能的地方，接触新鲜事物，探索未知世界。生命像是被不断地打开，注入新鲜的活力，我带着充盈的元气迎接每一个日子。

后来，我看到了韩紫恋爱的消息，可我竟没有太多难过。是的，我错过了她，可我相逢了一个更好的自己。

不再瑟缩在世界的一角等待，等待某个人带我飞跃现实的不完满。当我把那颗脆弱的玻璃心终于安放在自己的羽翼之下，然后张开身体里每一个细胞去拥抱未来的时候，我感到前所未有的踏实与欣喜。

总有人说到暗恋的心酸与寂寞，可那也可能是一道光，照亮我们生命中原本暗淡且贫瘠的部分。把纠结不安的心事变成即刻行动的动力，把愁肠百转的时间用来提升自我。自己的生活过得热气腾腾，正是对这段感情最大的敬意。

［3］

我很欣赏的一位女作者曾写道：“有些路你可以一个人走的。”她说，电影《Begin Again》里，让她印象最深的镜头是结尾。女主角骑着自行车穿过纽约的夜景，眼里有泪，但风把她嘴角的笑轻轻扬起。她没有和大红大紫的前男友复合，也没和把整个城市变成录音棚的大叔一吻定情。她就那样跨上自行车，一个人，走向她未知的、需要重新单打独斗的未来，背影比纽约的夜景还美。

到了该出双入对的年纪却依然茕茕孑立，单身似乎天然带着一种挫败感。可我的朋友方丽从不这么认为。她的经典台词是：沦为单身，不提也罢；贵为单身，怎样都好。她就在单身贵族的路上走得欢脱跳跃。

上学时，她就开始学法语。周末一早，拿着面包就去挤公交上课。每晚七点，她会小心翼翼地绕过在宿舍楼下你侬我侬的姑娘小伙儿，到操场上夜跑。所以，她的体能足以支撑她在每年的暑假随专业登山队征服一座高山。

一天夜里，独自住在出租屋里的她突然听到门把手被剧烈地扭动起来。

她害怕到每根汗毛都立起来了，脑子飞速旋转：我刚才锁门了吗？是坏人吗？我该怎么办？手不停地发抖。

好在只是对方走错了楼层。有那么一瞬间，她想，如果有个男朋友一起就好了。

不过她更现实，马上开始学习女生自保与自救的方法。正是这些知识，让她有了独自去法国出差、飞机半夜落地一个人去酒店的勇气。

曾经读到冰心与铁凝的故事。铁凝年轻时去拜会冰心，冰心问她："你有男友了吗？"铁凝说："还没找到。"九十岁的冰心对她说："不要找，要等。"

每个人都是独立的个体，不能依赖于别人提供的给养，而是要始终拥有塑造自我的能力。

安全感的获得来源于对自己的接纳与重构，发现自己的软肋，然后为它穿上铠甲。爱情里最艰难的部分就是遇见，在遇见之前，你要先学会与自己相处。

不久前，方丽结婚了，是她想要的惺惺相惜。

每一种选择都有不同的结局，就如走不同的路就会有不同的风景。所以，如果想看灿烂的风景，不妨沉思片刻再做选择。人生短短几十年，不要给自己留下了什么遗憾，想笑就笑，想哭就哭，该爱的时候就去爱，无需压抑自己！

▶ 爱情和面包，并不矛盾

我有个同学名叫杨丽丽，名字普通，长相也普通，但她做过一件不普通的事儿：义无反顾地嫁了一穷二白的学长，由穷人家的女儿，变成了穷人的妻子。

这样的“弱弱联合”，在大部分姑娘眼里，无疑是个噩梦。

杨丽丽家庭条件不好，入学那天我就知道。她是独自拖着铺盖行李来报道的，而且晚了两天，班主任甚至打了电话去催。

宿舍里只剩下一个上铺。她手脚利落地跳上去，一边整理一边自我介绍：“你们好，我叫杨丽丽，我在家里帮忙割稻子呢，所以来晚了几天。”

她边说边笑，洗得发白的牛仔裤似乎也荡漾着笑意，身上有一种长年累月劳动积累下的朴实气息。

高中那三年，杨丽丽成绩很棒，一直都名列年级前十。可高考填报志愿时，她却摒弃了众多一流高校，志愿表上填写的都是清一色的免费师范院校。

原因我当然知道，减免学费还有补贴的学校，对正发愁学费、生活费的她来说，是无奈之下的最佳选择。

我们为她惋惜，她却依旧乐呵呵地准备好了生活用品，背着行李再次踏上了求学的路。这一次，她买了硬座火车票，颠簸了两天两夜，横跨了大半个中国，终于去到首都求学。

当时杨丽丽在 QQ 空间写了这样一条说说：一箪食，一瓢饮，在陋巷，人不堪其忧，回也不改其乐。

乐观、坚强而且能吃苦，我一直相信这个姑娘会有一个很美好的明天。

大二那年，杨丽丽谈恋爱了，对象是她的学长，也是她的同乡——李明。两人在聚会上相识，后来又在勤工俭学时偶遇。渐渐地，彼此就都生出了些情愫，抬头低眸间的水光潋滟里，也就多了几分欲说还休。

李明也是典型的寒门学子，办了四年助学贷款，平日里靠勤工俭学维持生计。好在他用功刻苦，年年拿到国家奖学金。

然而那时的李明，就像停在窗玻璃上的苍蝇，虽然前途一片光明，可不知路在哪里。

被贫寒打磨过的姑娘，其实比谁都更理智更清醒，也更明白一场婚姻的重量。因此她回避着他的灼灼目光，不说好，也不说不好。

直到有一个冬夜，她在做家教时，无意中透过窗子看到站在路灯下的他，跺着脚哈着手，嘴里却念念有词，时不时抬头看看窗子，焦灼的面容里却带着喜色。

后来才知道，他每天都在打扫完教学楼后来接她，等待她的间隙里默背着英文单词。

一个贫寒的年轻男孩儿，证明爱情的最好方式，不过就是对她好，为她去努力。

他是真的对丽丽好，也足够努力，而丽丽也是真的很喜欢他。一个念头忽然从心底破土而出，眼看这寒冬漫漫，春心却猛地萌了芽开了花。

同宿舍的姐妹劝丽丽：

“不要和穷人谈恋爱。最好的年纪，应该穿最美的衣裳，吃最好的美食，喝最烈的美酒。”

“女孩子的青春耗不起，等他奋发向上出人头地？别闹了，那多累，再说你能保证他一定可以成功吗？”

杨丽丽用了一个淡定的微笑来回应苦口婆心的室友们，然后回过头来看电脑，发现李明正好从 QQ 上发过来一段消息：

我决定了，签了安哥拉的工作，年薪将近三十万，只用两三年，我就可以完成资本的原始积累。我会让你过上好日子，别人有的，我会通过双手挣给你，可能会有点儿慢，但我不会放弃。

那几年过得确实不大好，两人吃过的大餐是校门口的鸡米饭，逛街只敢去地摊货横行的动物园，最折磨人的是寒假遇上春运，凭着两张站票穿越大半个中国，回到家早已筋疲力尽……

苦吗？真的有点儿，凡胎肉体的身躯，对吃喝享乐当然会有自然而然的向往。但在心理和生理的较量中，占了上风的往往是前者。

因为她记得他把所有的鸡块都夹进了她碗里，她知道他用一年的奖学金为她买了大衣，她发现他悄悄订了她的机票而给自己买了火车站票……

世事的确艰辛，但有这样一个人，把你所有的心思和心愿都记挂在心底，为了给你更好的生活一直向前奔跑着。那么，即使活在尘埃里，内心应该也能开出一朵花来。

这也是至高无上的宠爱吧，哪怕到了最后两个人依旧喝着白粥咽着咸菜，也是相互依偎着的姿态。杨丽丽说，我总是相信，爱情能成为我们的前进动力。

爱情从来都不会因为贫穷而卑微，卑微的是被贫穷轻而易举改变了三观，甚至抛弃爱情和梦想的那些人。

李明毕业就飞去了遥远的非洲大陆，在赤道上修桥铺路，用汗水生动诠释了“血汗钱”三个字的真正含义。

杨丽丽原本不舍得心上人去吃苦，但李明义无反顾。

去非洲是很苦，胜在收入可观。作为一个男人，他觉得自己有义务在女朋友毕业前存够钱，给她一定程度上的安稳和富足。

于是，大学最后一年，杨丽丽的日子前所未有地宽裕了起来。李明的大部分工资都漂洋过海打到了她的卡上，两个人视频聊天时，李明总是大手一挥："想买什么尽管买，现在老公养得起你！"

他黑了许多，也瘦了许多，脸上却带着明晃晃的笑容。两个人悄悄说完情话，就开始一点儿点儿计算工资与房价。作为定向培养的师范生，杨丽丽必须回到家乡的学校任教。李明便决定合同期满后回乡，买一套房子，再用三年积累下的经验开一家小小的建筑公司。这样一来，父辈的艰难困苦基本已经远去，对吃惯了苦的两个人来说，这已经足够幸福。

真正值得爱的那个男人，也许会让你苦一阵子，但不会苦一辈子，而真正值得爱的那个姑娘，也断不会计较你一时的落魄，她身上散发出的温柔和坚韧，也必定可以成为你最坚实的后盾力量。

今年秋天，李明终于回来了。此时的杨丽丽已经在家乡做了两年中学语文老师，接机那天她发了一条朋友圈，是三年前李明毕业时他们在校门口拍的合影。她还写了一句话："那年我们很穷，但很快乐。现在我们不穷了，依旧很快乐。"

世间有一种极致的成就和幸福，是寒冬里的两个人手牵手，一步步走到了春天。当百花齐放风光旖旎，陪在我身边的，还是你。

主导爱情的从来都不是贫富，而是两个人共同变好的决心。

这世界的确很现实，但总有一个角落，容得下认真相爱的一对男女，以及相濡以沫的两颗心。

朋友二字，在你的心中有多重

▶ 在独处中也能维持不变的友谊

[1]

因为我长年累月地趴在电脑前做方案或是写文章，不止一次有朋友用审视外星人般的眼光瞪着我，并异常惊讶地说："天呐，都没见你出去跟朋友玩过，天天把自己困在一个'笼子'里不会生病吗？小心你'自闭'到连朋友也没有。"

对此，我真是哭笑不得，也很费解。谁说喜欢独处就没有朋友了？

曾在网上看过一篇文章，文中有一句写得很对心，说：“朋友之间，越简单越好，有事就联系，没事各忙各的。”

我觉得这是时下一种很好的交友态度，在越来越忙碌甚至焦灼的生活中，时间被分割到无数地方，就连阅读也流行起“碎片化”的方式，时间真真匮乏如稀世珍宝。

当你疲惫的时候，或许你更愿意去做的事就是看一本书或大睡一觉，用独处的时间给身心一个疗养，而不是呼朋引伴，四处奔走，甚至通宵达旦地豪饮狂欢。

我有一个从初中就相识但已多年不见的好友L，还在上学的时候，我们就天天一起上课下课，一起吃饭，周末又一起坐车出去玩，逛街买衣服也互相提供意见，我们就像是江湖上所说的“好基友”一样，好得不得了。

后来我们毕了业，各奔东西，联系就少了。但当我们再次互相联系时，我们依然不感到陌生，还是和从前一样嘘寒问暖，没有任何隔阂。

一天L打来电话，问我在哪，我说我在北京，他有些欣喜地说：“我也来北京了，并准备在北京安定下来，前段时间租了一间铺面，目前正在装修中，过几天准备开业，到时过来坐坐……”我毫不犹豫地说：“没问题啊！”内心充斥着满满的喜悦和兴奋。

就这样聊了几个小时，准备挂电话了他又补了一句：“有空给我写副书法作品呗，静和忍分开写，要大点儿能挂起来那种……”我有些惭愧地说：“行，不过我好久没练字了，等有时间了我练练去……”又聊了一阵才挂了电话。且不管之后如何，但这种没有客套，互相信任的朋友关系，让我的内心充满了安定和实在。

真正的朋友，是即使见的面很少，但是心里有你，特别当他有成就的时候能想起你，并和你一起分享成果。

[2]

刚毕业工作那年，一位很久没联系的大学舍友因为哥哥炒股亏了些钱，生活出了状况，硬着头皮动用人脉圈借钱周转。当然，也打了电话给我，问我能借多少，并说等发了工资就给我，因为是大学里比较好的哥们儿，我说我尽力，然后就把当时能拿出来的所有家底五千元转了过去。

面对他的困境，我们几个大学的哥们儿都伸出了援手，之后他不无感慨地在朋友圈发了条信息：“感谢你们，在我如此窘迫的时候，二话没说就借钱给我，有空出来吃饭，我请客!”

我在下面留言：“那你可得努力存钱了，下次见面，我要点最贵的!”

几个月后，他就还清了所有借款，还请我们几个哥们儿吃了一顿大餐。

真正的朋友，是这种在你有困难的时候，能尽自己最大的能力去帮助你的人。

［3］

朱光潜老先生在《谈交友》中写过一段话，我个人非常喜欢，在我看来，这段话也能作为我对朋友这个词的一种概括。他说：“谁都知道，有真正的好朋友是人生一件乐事。人是社会的动物，生来就有同情心，生来也就需要同情心。读一篇好诗文，看一片好风景，没有一个人在身旁可以告诉他说：‘这真好呀！’心里就觉得美中有不足。遇到一件大喜事，没有人和你同喜，你的欢喜就要减少七八分；遇到一件大灾难，没有人和你同悲，你的悲痛就增加七八分；孤零零的一个人不能唱歌，不能说笑话，不能打球，不能跳舞，不能闹架拌嘴，总之，什么开心的事也不能做。”

幸甚至哉，感谢老先生写了这么一段话，让我作为自己的一种交友宣言。

静心想想自己的朋友圈子，确实是由曾经的多而杂变得越来越少了，以前觉得朋友多是一笔人际资产，关键还是受了那些老话的影响，什么“朋友多了路好走”“在家靠父母，出门靠朋友”，等等，现在想想，这个时代，自己踏踏实实的努力才是真正不动的资产。

可喜在为数不多的留下来的朋友中，他们变得越来越重要了。因为他们心里有我，而我的心里也有他们，彼此之间是一种玄妙的心照不宣的关系。

[4]

也许有人会问，你的意思是真正的好朋友都要维持这种关系吗？不是的。

我当然不主张闭门造车，自我封锁，都靠这种关系维持朋友的距离。所以我在这里还要强调的就是，有些友情，还是得维持在必要的联系上，因为每个人对友情的理解和看法不一样。而多一些沟通，对灵魂的充实与思想的交换更是一种莫大的促进。

想起近几年，我也陆陆续续地参加了一些朋友的聚会，有些是因为刚好出差路过，顺道见个面的，有些是因为出国归来接风洗尘的，有些是因为考试成功大家一起庆祝的，有些是因为不定期举办的见面会或是生日会，等等。

许多聚会我都尽可能地出现，在我看来交流是一种乐趣，这其中的乐趣当然不是为寻找“写作方子”而动的私心。我只是乐意在亲近到没有隔阂的友情之间寻找互为认同、互爱互助、相互包容和理解的感觉。听他们述说各自的人生轨迹，各自奔忙的东西，听他们与我分别多时所经历的所见所闻，甚至是一些抱怨和不满。

交流最大的快乐在于你能在彼此面对面的沟通中得到新的收获。

比如男性朋友会给你一些职场建议，恋爱心得，还可以聊聊各自喜爱的运动明星，谈谈人生的憧憬和发展，也很有可能挖掘到平时不易得到的生意经，合作门道，等等，而这些触动，你也许读上十年书也未必能得到。

女性朋友则会更关注生活与情感，给你提供自己的美食心得或旅游攻略，或是告诉你以前班上的哪位老同学结婚了，找到了怎样的幸福云云，你也总能在其中找到一丝感兴趣的东西。

你看，我也不尽然就因为独处而变得没趣，甚至没趣到连朋友也没有。

但是在诸多聚会和玩乐当中，有必要提醒的一点是：外面的世界那么大，朋友那么多，你就是穷尽一生也未必能凿得冰山一角，就是挖出自己的心也未必能得到真正的好朋友，而以退为进，让躁乱的心在独处中获得新的养分不见得就是一件坏事。

周国平曾说：“孤独中有大快乐，沟通中也有大快乐，两种都属于灵魂。一颗灵魂发现、欣赏、享受自己所拥有的财富，这是孤独的快乐。如果这财富也被另一颗灵魂发现了，便有了沟通的快乐。所以，前提是灵魂的富有。”

可见，沟通和孤独是同样重要的两件事，是互为牵连，并不矛盾的。但是，丰盈自己的灵魂，还要以孤独的修炼为前提，之后，才能有沟通中的大快乐。

至于所谓的喜欢独处就没有朋友，这是根本就站不住脚的言论。因为独处是一种自我审视和疗养的状态，而和朋友在一起是一种互为影响的沟通，两者都足够美好。

▶ 朋友是不该用来占便宜的

久不联系的一位同事打来电话，说她朋友的妈妈最近情绪非常低落，她怀疑老人家抑郁了，知道我有位朋友是心理医生，想向那位朋友咨询一下，我在征求朋友的意见后，把电话发给了她，过一会儿她随口又问我："向你这位朋友咨询，不收费吧？"

我压根没去想收不收费这件事，但心理医生提供服务，收取一定的费用，难道不是应当的吗？更何况，不是她自己的妈妈，而是别人的妈妈。

对这位心理医生来说，就是朋友的前同事的朋友的妈妈，这么远的关系，人家有义务免费服务吗？

我于是半认真半开玩笑地说：“当然了，我朋友收费很贵的。”

结果她说：“你怎么不早说？早知道这样，我就找别人了。”

“为什么我朋友收费就找别人呢？”我有点儿纳闷。

“收费的心理医生那么多，我为什么要找你朋友？七绕八绕的，还搭个人情。都是朋友，简单问几个问题，还收什么费？”前同事抱怨道。

这话听着十分别扭，我朋友不收费你就向她咨询，我朋友收费就找别人，既然都是别人挣你的钱，宁肯照顾陌生人，也不照顾我朋友，我朋友难道得罪过你吗？还是一旦收费，就不再是“朋友”？说白了，不就是想占朋友便宜嘛。

“我无法代朋友许诺不收费，你找别人吧。”我挂了电话。其实我给朋友打个电话，简单说明情况，她肯定是不会收费的，我不帮忙的原因是前同事的态度。

我们应该尊重每一个人的劳动，付出了时间和精力，得到应有的报酬是理所当然的。即使是朋友，享受了免费的待遇，也应该心存感激，而不是心安理得地接受。更甚者，是那些想要以朋友之名占便宜的人，这种从利益出发维系的友情我们应该鄙弃。

这种人在生活中并不少见，平时不太联系，想起你来，不是“帮我个忙”，就是“借我点儿钱”。当然，对于真正的朋友，“帮忙”“借钱”这些都是义不容辞的，我们绝对是可以为朋友两肋插刀的，但对于那种假惺惺的朋友，我们当然不能随便帮忙。

一天，我和小 C 微信聊天，其中提到了朋友圈中一个共同的好友 K。K 新发了几条朋友圈，又是产品广告，其实，他从很早就开始做微商了，每天都会在朋友圈发广告。不过，小 C 和我说，她嫌烦悄悄设置了“不看他的朋友圈”。

我很诧异，因为据我所知，小 C 和 K 是朋友。去年，小 C 的孩子在上学问题上遇到了麻烦，K 正好在学校有关系，于是小 C 就找到了 K，K 也爽快地帮了忙。

而现在，K 利用闲暇时间做微商，肯定希望得到朋友的支持，但小 C 不仅没有给予支持，反而屏蔽了 K。

小C的这种举动可以说是势利，也可以说是忘恩负义。这种“用人朝前，不用人朝后”的态度，我真的很不喜欢。

记得有一次，看到一个女性朋友在圈里发南红的广告，就问她：“你是在卖南红吗？”

她说：“没有，朋友的。”

我又问她：“她让你帮忙转发吗？”

她回答：“没有，我从她那儿买了一个手串，感觉成色非常好，就主动帮她宣传一下。”

在我看来，朋友就应该是这样的，投之以桃，报之以李，你敬我一尺，我让你一丈，这样感情才会越来越深。而那种总想着占朋友便宜或者让朋友提供免费服务的人，路必定会越走越窄，朋友也会越来越少。

想要关系更好，我觉得必须把朋友看得“很贵”，而不是很廉价，只有把朋友看得“贵”，才会特别珍惜。

▶ 去和格局大的人做朋友

一位姑娘问我："我想问你一个比较私人的问题，可能会冒犯到你，但这是我一直以来的疑惑，也是我自己心中解不开的结。我看过你写的两篇关于忌妒的文章，你写得很入心，我也认同你的观点，可是放在我身上，我就是做不到。看到那些过得比我好的女孩子，我心里就是觉得不平衡，有人说，忌妒是女人的天性，不忌妒才不正常。我想问你，你真的不会忌妒吗？我希望你能告诉我真实答案，我发誓会为你保密。"

先讲个故事吧，我认识一对闺密，大概有十几年了，就叫她们小 A 和小 B 吧！

原本两个人无论学历、生活、工作都差不多，可是毕业后没两年，小A结识了一位很有能力的姐姐，对方不但给她介绍了个好工作，还介绍了一个钻石王老五给她认识。这个男人收入不菲，俊朗潇洒，人品也很可靠，那位姐姐真的把小A当成了自己的亲妹妹一样关照。

原本和小A差不多的小B，一下子就有了天壤之别。有好事者在小B面前说："唉，其实小A哪里比得上你啊！论身高，没你高；论能力，没你干练，不过是会哄人而已！"

小B真心维护小A："小A自有她的过人之处，首先她的性格就比我好很多，连我都很喜欢她的性格，这自然会吸引贵人帮她，再正常不过了。另外，她是我最好的朋友，我不希望别人在我面前说她不好。"

好事者自讨没趣。

自从小A的生活越来越好后，其实她自己也有点儿不自在，在小B面前无论说话还是做事，都特别拘束，生怕让小B觉得不快。

小B感觉到了，笑着对她说："我喜欢我们像过去那样相处，你是我的闺密，你现在过得幸福，我真心祝福你，你尽管按照你现有的生活水平吃喝住行，我不会忌妒你的。”

其实，自从小 A 突然进入更高的圈子后，原来身边的人，说酸话的，冷嘲热讽的，从来不缺。

小 B 的气度让她更加珍惜这个朋友。

此后，小 A 心心念念为小 B 筹谋，介绍了很多资源、人脉给她。几年后，小 B 的人生也发生了翻天覆地的变化，两个人终于又站在差不多的高度了。

有人说小 B 是心机深，也有人说小 B 只是利用小 A。但小 A 说：“我不是傻瓜，真心对我好还是利用我，我还分得出来，再说了，难道我希望人人都来攻击我，这才叫不利用我吗？”

不管别人怎么说，小 A 和小 B 的生活越来越好，两个人的感情也从来没有受过影响。

小 B 说，因为身边的人过得越来越好而和对方生分的人，是最愚蠢的人。唯一正确的做法，就是自己好好努力。

我深以为然，也想起了自己的成长经历，希望与大家共勉。

我工作几年后就辞职了，进入了几个和以前完全不同的圈子。这几个圈子在别人眼里很高雅，很有追求，我为能够进入这样的圈子而觉得无比自豪。

但是，仅仅只是两三个月后，我就发现我错了。工作时的钩心斗角算什么呀，同事之间的你来我往算什么呀，什么圈子更接近名利，忌妒诋毁就会更加兴旺。

我看不惯有些人一边忌妒一边打着冠冕堂皇的借口，去中伤诋毁那些先一步成功的人。但我也不得不承认，我还是有着羡慕和忌妒的。我不会去做背后伤人的事，但我无数次假设：为什么更快成功的那个人不是我呢？如果他的成功属于我，我现在一定过得特别好吧？

这些想法是我内心深处很隐秘的东西，从不会随便告诉别人，但对一个人例外，那就是我人生中的大哥，我会把自己内心的想法，无论好的坏的，毫无保留地告诉他。

他和我说，每个人的际遇不同，成功总有早晚，但肯定离不开两样东西：一样是努力，另一样就是格局。永远别去忌妒比你成功、比你有能力的人，你要学着和这样的人成为朋友。世界很大，人外有人，天外有天，哪里忌妒得过来？向比你厉害的人学习，和比你有能力的人做朋友。总有一天，属于你的成功必将到来。

我听进去了，从那以后，我努力克服那些不好的念头，学着去祝福别人、赞美别人。

到如今，就算我看到有的人起步比我晚，努力的时间比我短，可是成绩却比我好的时候，我也能够真心真意地去祝福对方，为身边的朋友一个个越来越成功而自豪。

这些年来，回头再去看曾经的圈子，突然很感慨。

那些心里阴暗、攻击性强的人，几年过去了，成绩依旧寥寥，甚至还不如当初。他们组成了一个小团体，天天以中伤和诋毁别人为最大的生活乐趣，以此求得内心的平衡。

而另一些人，同样也组成了一个小圈子，但是和前者不同，这个圈子里的人相互帮助，资源共享，彼此成就。几年下来，人人都取得了不小的成就。原本两个圈子里的人起点都差不多，可是如今再去对比，竟已是天差地别，但这也是意料之中的事。

所以，不是我天性高洁，而是我亲眼看见了很多人的忌妒，不但没有使他们过得更好，反而会毁了一个人。

有谁的成功是靠忌妒和抨击得来的呢？

前几天和猫老师聊天时，聊起彼此运营的公众号，让我挺羞愧的。

当我把精确的数据告诉他时，他发了个喜极而泣的表情过来，说：“这是你第一次告诉我你有多少粉丝啊！”

我笑着说不告诉你是为你好啊，怕你有压力。然后我说，其实别人问我有多少粉丝时，我习惯往少里说，或者很含糊。

他说我不会有压力啊，你经营得好，我为你高兴都来不及。你越好我越高兴，我希望我身边的朋友都越来越好。

当时我就觉得自己以小人之心度君子之腹，也许是看多了人性的忌妒，便更多地学会了保护自己。

三观相同的人，必然会成为朋友。如果心胸狭隘，必然会吸引一堆同样狭隘的人，如果心怀坦荡，同样会聚集一批志同道合的朋友。

去和格局大的人做朋友吧！他们不会天天跟你嘀咕八卦是非，不会无中生有去攻击那些比自己成功的人。他们会站得很远，一眼看清人生的长路，他们会引导你做更好的自己，用光明正大的方式生活。

▶ 心心相念的朋友，从来都不是过客

一直以为，有一些人就算再好，如果不能陪我走完人生的旅途，那他们就是过客。而那些称之为过客的人，注定要渐行渐远，直到最后被彻底遗忘在某个记忆的深处，再也看不见。渐渐地，我发现我的这种看法是错的，那些曾一度称之为朋友的人，不是过客。

［1］

那天是愚人节，在家闲得无聊，打开 QQ 分组，本想找一个人“愚”一下，看着一个个逐渐陌生的名字，不知道该怎么做，最后随机选了一个大约两年都没有联系

的朋友，确定目标后，打开了聊天窗口，几经犹豫，终于在会话框上打了两个字：“你是？”

“你真不知道我是谁？”那边很快回复过来。

“嗯，你是？”我接着进行我的愚人游戏。

“好吧。”两个字结束后，那边就再也没有了回复。

“问你是谁，你怎么不理人啊，我删人了啊。”大约过了几分钟，看那边迟迟没有回复，我沉不住气了。

又过了一会儿，收到了对方的邮件，打开一看，那里面姓名、性别、联系方式、兴趣爱好……我能想到的以及我想不到的都发了过来，个人资料介绍得很详细。

“我只是要一个名字，有必要搞得那么夸张吗？”

“有必要，你现在用的那个号是我一个好朋友的，只要你不把我从他的分组里删除，说什么我都答应。”那边以极快的速度传来一段文字。

看了这几句话，当时蛮感动的，本来就想过个愚人节“愚”一下，却没想到一个偶然，却懂得了“朋友”二字的真正含义：时间不是问题，距离也不是问题，只要心中有彼此，还记得曾经有这么一个人，这么一段友谊，对双方来说，都是莫大的美好。

原来，他一直记得我，而我却快要把他从我的记忆中删除了，多少有些惭愧。

“兄弟，愚人节快乐！另外别指望我会把你删了！”打上这几个字后，感觉曾经的记忆又回来了：曾经一起满校园狂奔，曾经一起看蚂蚁搬家，曾经一起骑着单车回家……我不能忘记他！

［2］

一天中午，吃过午饭后，闲着没事玩手机，背背朋友的手机号，看到有几个陌生而又熟悉的号码，我想他们或许也差不多把我忘干净了，就决定删了这些不常联系的人。删到其中一个人，不小心按错了键，电话打过去了，我急急忙忙地挂断了电话，想着，没准人家早就把你忘了，就算没忘，也差不多了，打给人家要说些什么？我悻悻地删了那个手机号，之后，将手机调成震动，睡起了午觉。

我是被一阵急促的敲门声吵醒的，打开门的那一刻，我着实吃了一惊。那个我偶然拨打出去的电话的主人就站在我的面前，大汗淋漓，显然他是急匆匆赶来的。

“出什么事了？”我看着他满头大汗的样子，满脸疑惑地问。

“不应该是我问你吗？你给我打了个电话，我还没来得及接你就挂断了，打了好几个电话你都没接，我还以为你出了什么事呢？”他边用袖子擦着脸上的汗，边气喘吁吁地对我说。

“就是因为这个，这么简单？”我惊奇地问道。

“最近看你的朋友圈，满满的负能量，能不担心你吗，就怕你想不开……”

“我没事，真没事，进来坐坐吧。”听着他说的话，我心里有点儿莫名的感动，却发现早已把人家晾在外面好久了。

“不了，看到你没事我就放心了，家里挺忙的，我先走了。”说罢，他就匆匆忙忙地下楼了。

看着他远去的背影，心里觉得酸酸的，却又甜甜的。打开手机，看到那几十条未接来电，我重新郑重地把他的号码放到朋友的分栏，同时也把他这个人放在了我的心里。这个人，不能忘。

这两件事改变了我对“朋友”二字的理解，让我知道了什么是真正的友谊，什么样的人是真真正正的朋友。我清楚地明白，他们不是我生命中的过客，他们只是换了一种方式在默默地陪着我走下去，他们一直在，他们一直关注着我的喜怒哀乐，而他们是我生命中最不容许忘记的人，他们就是朋友，一生的朋友！

▶ 有些朋友不值得深交

前段时间朋友 F 的心情相当不好，她是个拼命努力工作的人，加班加点自是不在话下，这一切，领导也看在眼里，所以，当部门出现升职空缺时，领导第一个考虑的就是她。F 也信心满满，觉得这次升职非她莫属，试想：整个部门有谁和她一样努力？而且，她的工作能力也非常不错。

部门里很多人也认为 F 这次升职基本上是十拿九稳了，纷纷嚷着到时候要她请客，F 嘴里谦虚着，心里却是满怀喜悦，打算结果一出来，就请大家好好嗨一回。

可是，结果出来后，却令所有人大跌眼镜，升职的是另一个女同事，平时不显山不露水的。

F很震惊，完全不知道那一天是怎么过去的，想去问领导，又不知该如何开口，本来领导也没说，这次升职肯定是你啊！

所以，F觉得肯定是那个升职的女同事在背后搞了鬼，才会从中截胡，所以，看对方的时候，眼神中不自觉地带了恨意。这么一来，不但升职没成功，还不知道有多少人在背后嘲笑自己呢！

好在和她同一部门的好朋友J陪伴在她身边，逗她开心，一直鼓励她、支持她！

F觉得幸亏还有J，否则还真不知道该怎么在这个办公室里待下去呢，从此，她和J更加形影不离。

但是昨天，她悲愤地找我说自己有眼无珠，一直把那个升职的女孩儿当敌人，没想到，真正的敌人一直都潜伏在身边。

原来，之前的升职领导确实已经属意F，可是之后却收到了一封匿名信，里面说F经常加班不过是做给领导看的，故意白天时无所事事，到了下班时才开始努力工作，而且还有两次偷溜却混成出差。

领导自然不会轻信，于是就暗中查问了一下，没想到事实和匿名信里的一模一样，觉得 F 实在不太老实，喜欢做表面功夫，于是，打消了提拔 F 的念头，转而提拔了另一个姑娘。

这件事，F 是无意中得知的，说来也巧，那天 F 要做一个 PPT，可是电脑突然坏了，时间又紧急，就问 J 能不能借用一下她的电脑。J 想也没想就答应了，F 心想，果然是好朋友，就用 J 的电脑继续在公司里加班。

F 一连做了几稿都不满意，便把前面几个都删除了，可是做到后来，发现有一些东西还是有用的，就去回收站找已经删除的 PPT，没想到竟然在找的过程中发现了一个文件，名称里还有自己的名字，出于好奇，她把这个文件恢复了，一看就气血冲脑、手脚冰冷。

她在办公室里颤抖着给我发消息，问她应该怎么做，是去吵架还是去对质呢？她真没想到害她的人竟然是 J，她说："如果她把我拉下来是想自己上，我还能理解，可是她把我拉下来了，她也没上，还不是别人上了，她为什么要这样做？我还以为她对我是真心的，没想到，表面和我交好，背后却偷偷害我！”

我理解F的震惊和愤怒，可是在我看来，其实并不难理解，就F平时跟我说的，关于J的那些言行，她会做出背后陷害的事，其实一点儿也不奇怪。当她看见其他人升职加薪时，总是喜欢撇撇嘴，认为对方德不配位，若有姑娘找了个经济条件好的男朋友，就觉得人家是图钱，种种迹象都可以表明，这是一个非常善妒的人。

我可以很肯定地说：一个善妒的人，基本是不太可能对别人付出真心的，若你比他差，他不过拿你当绿叶而已，若你一朝比他好，也许表面他在恭喜你，内心还不知道恨到什么地步呢！

先生曾跟我说过一句话：永远不要跟有利害关系的人做朋友！另一位企业老总的朋友也曾提醒过我：不要和同事成为朋友，因为不知道什么时候，你们会有利害冲突。

当然，我没全听他们的，在以前的公司，我依然交了不少朋友，有的双方都已离职，但关系依然亲密。

可是交朋友，我基本奉行以下原则：

第一，天天奉承我的人不交。

朋友之间需要的是平等、尊重和理解，适当的鼓励和肯定是需要的，但奉承之人，缺乏风骨。若一个人，时常奉承你，那么基本可以断定，你身上必有他所图的东西，一旦失去，情谊不再！

而另外一个真相则就比较可怕了，从人性上讲，人人都喜欢居人之上，而不喜欢屈居人下，但凡奉承你讨好你的人，他的内心都是难受的，若不是有求于你，谁愿意天天卑躬屈膝地讨好另一个人？对方的每一次奉承，在他的心里都是一次伤害，所以即使你并没有怎么样，只要人家想起这些事，想起曾经在你面前尊严尽失时，只要一逮到机会就会来报复你，因为每个人心里，都需要一种平衡。

另一点也是我们需要注意的，当别人有求于你时，你可以选择不帮，但千万不可居高临下地帮忙。人生在世，谁都不会永远高高在上，你若颐指气使，当你落魄的那一天，就别怪所有人一起踩你，更不要说人心冷漠。

第二，善妒之人，绝不可交。

忌妒是毁灭性最强的一种情绪。小时候，我家旁边有位邻居老婆婆，她是怎么样的呢？但凡谁家过得比她家好了，她就烧纸钱作法去诅咒那户人家。好几次清晨，她就一边烧纸线一边念念有词，起初别人以为她是在为自己家祈求，后来知道竟是在诅咒别人，为此好几户人家都跟她吵架，因为小县城的人多少都有些迷信。

除此之外，她还很喜欢到处挑拨离间，很多人家因此吵架，绝交，后来大家意识到了，纷纷疏远了她，生活才恢复平静。

我至今还记得她经常挂在嘴边的话，比如哪家富裕了，她会撇撇嘴说：“那钱还不知道干不干净呢！”哪家要是娶了个漂亮媳妇，她就说人家不正经。

我小时候就见识过她的威力，她能瞬间激起别人的忌妒之心。所以，我从小到大都避得远远的，从来不上她家去玩，总觉得这样的人实在太可怕！

如果你身边的人，看见谁升职加薪，谁嫁了个有钱老公，就愤愤不平，这样的人你就要小心了。如果有一天，你过得比她好了，你很有可能就是她要害的对象。

一个乞丐不会去忌妒香港首富，但他会忌妒身边比他收入高的乞丐，这是人性。

第三，有利害关系的人，慎交！

我想，很多人都看过《甄嬛传》和范冰冰演的武则天吧？

甄嬛和眉庄的姐妹情至死不渝，而武媚娘和徐慧的姐妹情却反目成仇。很多人都觉得眉庄大方通透，说实话，眉庄也是我很喜欢的一个角色，若有这样的女子，我十分想与她做朋友。

眉庄初承宠时，甄嬛无宠，她对皇帝毫无感情，所以并不忌妒，她们依然是好姐妹，彼此扶持。后来，甄嬛有宠时问眉庄是否会介意，眉庄坦白承认是有点儿微妙的心理，可是知道这是不可避免的，因为没有甄嬛，也会有别人。后来眉庄因为别人的陷害，心里对皇帝产生了芥蒂，而甄嬛却爱上了皇帝，两姐妹在深宫里相互扶持，休戚与共。

可是，假如眉庄和甄嬛同时深爱皇帝呢？她们是否还会一路相伴？其实真不好说。

来看看武媚娘和徐慧就知道了，真实的历史上，徐慧比武媚娘受宠得多。我们现在只讨论剧情，两人情同姐妹，李世民对武媚娘另眼相看，徐慧却深爱李世民，看着自己心爱的男人对自己视若无睹，她心里的不平衡与日俱增，到后来，对好姐妹的恨日与俱僧，甚至到了一定要她死为止！

同爱一个男人，本身就是一件危险的事，感情本来就排他，卧榻之侧，岂容他人酣睡？

放在现代社会上也是如此，因为人性自古以来就是相通的。如果你和你的朋友共同需要一次机会，如果你有了，他就没有了；如果你们同爱一个人，那么危险是相当大的，他本无心害你，可是为了自己，人性中的自私往往会占据上风。

所以，会帮你和会伤害你的，往往都是你身边的人。